Android
JIMUSHI BIANCHENG KAIFA
App Inventor 2018
LIXIAN ZHONGWENBAN

Android

● 移动应用技术与服务专业

Android
积木式编程开发
——App Inventor 2018
离线中文版（第2版）

主编　刘载兴　张燕燕

高等教育出版社·北京

U0502033

内容简介

本书以 App Inventor 2018 离线中文版为开发环境,介绍如何用积木式的方法开发 Android 移动终端应用。

本书采用项目驱动的方式组织编写,每一个项目都是一个独立的应用,共包含 14 个项目:变魔术、学英语、看电影、发短信、看连环画、涂鸦板、求和、听音乐、猜数字、贪食球、歼灭敌机、超市扫描器、点菜系统和天气预报。通过这些应用的开发,读者可以掌握使用 App Inventor 2018 开发 Android 移动终端应用的方法和技巧。

本书配有网络教学资源,通过封底所附学习卡,登录网站 http://abook. hep.com.cn/sve,可获取相关教学资源,详见书末"郑重声明"页。

本书由教研人员、一线骨干教师和企业专家共同编写,实用性、可操作性较强,适合作为职业院校移动应用技术与服务专业"移动应用程序设计"课程的教材,也可以作为没有任何程序设计基础的应用开发爱好者自学的教材。

图书在版编目(CIP)数据

Android积木式编程开发 : App Inventor 2018离线中文版 / 刘载兴,张燕燕主编. --2版. -- 北京 : 高等教育出版社,2021.6(2022.8重印)

移动应用技术与服务专业

ISBN 978-7-04-055745-9

Ⅰ. ①A… Ⅱ. ①刘… ②张… Ⅲ. ①移动终端-应用程序-程序设计-中等专业学校-教材 Ⅳ. ①TN929.53

中国版本图书馆CIP数据核字(2021)第036773号

策划编辑	郭福生	责任编辑	郭福生	封面设计	赵 阳	版式设计 于 婕
插图绘制	邓 超	责任校对	陈 杨	责任印制	田 甜	

出版发行	高等教育出版社	网 址	http://www.hep.edu.cn
社 址	北京市西城区德外大街 4 号		http://www.hep.com.cn
邮政编码	100120	网上订购	http://www.hepmall.com.cn
印 刷	北京鑫海金澳胶印有限公司		http://www.hepmall.com
开 本	889 mm×1194 mm 1/16		http://www.hepmall.cn
印 张	15.25	版 次	2015 年 9 月第 1 版
字 数	310 千字		2021 年 6 月第 2 版
购书热线	010-58581118	印 次	2022 年 8 月第 2 次印刷
咨询电话	400-810-0598	定 价	49.00 元

前　言

　　App Inventor 是一个基于网页的 Android 应用程序开发平台,主要面向无程序设计基础、想快速开发移动应用程序的初学者。App Inventor 开发平台的特点是采用积木式编程方式,不需要编写代码,易上手,易运用,通过各种应用程序的开发过程,可以培养学生的计算思维、提高学生的学习兴趣。本书通过各种开发案例,详细介绍运用 App Inventor 2018 离线中文版开发移动应用程序的流程和方法。

　　本书采用项目教学法,精心设计了 14 个项目,每个项目开发一个独立的应用程序,涉及生活、学习、娱乐等各个方面。其中项目 1~ 项目 12 相对比较简单,学生应该可以独立完成;项目 13 涉及数据库在移动应用程序中的应用,项目 14 涉及 API 的调用方法,这两个项目难度稍大,需要学生具备相关的基础知识。所选项目贴近生活与学习,易于激发学生的学习兴趣和培养学生的成就感。

　　本书具有以下特点:

　　1. 项目的安排遵循由浅入深的原则,且每个项目都围绕着 App 开发过程中的知识点进行设计,使学生可以在完成学习任务的同时,学习程序设计的相关知识,着重培养学生的实际动手操作能力,体现“做中学,做中教”的职业教育理念。

　　2. 精心设计每个项目案例。在多数项目中,按照“入门阶段—晋级阶段—达人阶段”的思路设计开发过程,使学生一步一步地完成任务,增强自信心。

　　3. 每个项目的结尾都设置了项目拓展,以进一步培养学生灵活运用所学知识的能力,鼓励学生进行创新,培养其独立思考的能力和创新意识。

　　4. 全面地阐述 App Inventor 2018 的各个组件和代码块的使用方法,针对性较强,且通俗易懂;项目案例均来源于生活,理论学习与实际应用相结合,有助于培养学生发现问题和解决问题的能力。

　　使用本书进行教学时,建议安排 72 学时,具体的安排可参考下表。

学时分配表

项目	建议学时	项目	建议学时
1 变魔术	2	8 听音乐	4
2 学英语	2	9 猜数字	6
3 看电影	2	10 贪食球	8
4 发短信	2	11 歼灭敌机	8
5 看连环画	4	12 超市扫描器	8
6 涂鸦板	4	13 点菜系统	12
7 求和	4	14 天气预报	6

　　本书建议在实训室进行教学,学生的实践操作学时不低于总学时的 1/2,以达到熟练运用 App Inventor 开发平台的目的,强化学生实践,突出以学生为主体的教学理念。

　　本书配套网络教学资源,通过封底所附学习卡,登录网站 http://abook.hep.com.cn/sve,可获取相关教学资源,详见书末"郑重声明"页。

　　本书由刘载兴、张燕燕任主编,负责本书内容的整体策划与统稿;参与编写工作的还有邓惠芹、徐明钦和罗浩。其中,项目 1~ 项目 4、项目 8、项目 9 和项目 14 由张燕燕编写,项目 5~ 项目 7、项目 11 由邓惠芹编写,项目 10 和项目 12 由徐明钦编写,项目 13 由罗浩编写。广州智嵌物联网技术有限公司技术总监林旭诚为本书中项目的开发提供了技术指导,在此表示由衷的感谢!

　　本书项目 5 引用了广州大学市政技术学院 2013 级学邱祖达的动画作品《失而复得》,项目 9 引用了广州商贸职业学校 2017 级学生陈俊锋的动画作品《猜数字》,在此表示诚挚的感谢!

　　由于时间仓促,水平有限,疏漏和不足之处在所难免,欢迎各位读者不吝批评指正。读者意见反馈邮箱:zz_dzyj@pub.hep.cn。

编　者

2020 年 12 月

目 录 ///////////////////////////////////

项目 1   变魔术 ·· 001

项目 2   学英语 ·· 017

项目 3   看电影 ·· 023

项目 4   发短信 ·· 031

项目 5   看连环画 ··· 039

项目 6   涂鸦板 ·· 057

项目 7   求和 ··· 075

项目 8   听音乐 ·· 089

项目 9   猜数字 ·· 103

项目 10   贪食球 ·· 117

项目 11   歼灭敌机 ··· 141

项目 12   超市扫描器 ·· 161

项目 13   点菜系统 ··· 183

项目 14   天气预报 ··· 219

项目 1

变魔术

今天，我们通过创建并运行第一个应用程序(简称"应用"或"App"——"变魔术"，来初步认识 App Inventor 2018 离线中文版，并了解如何搭建 App Inventor 2018 中文版离线开发环境。

一、项目分析

通过设计一个简单的应用——"变魔术"，学会搭建离线开发环境，熟悉开发环境的界面和功能，并且使用这个简单应用来检测开发环境的安装是否正确。这个简单应用的运行界面如图 1-1 所示。

图 1-1　应用运行界面

在这个应用中,用户摇一摇手机,在屏幕上会显示一张图片;当手放在手机上方时,图片消失。

二、项目目标

① 会搭建 App Inventor 2018 中文版离线开发环境。

② 熟悉 App Inventor 2018 中文版离线开发环境的界面布局和功能。

③ 会用"标签""图片"组件进行界面设计。

④ 会用"加速度传感器"和"接近传感器"组件进行逻辑设计。

三、项目准备

为了设计这个简单的应用,首先需要搭建开发环境。

1. 环境搭建

① 下载 App Inventor 2018 离线中文版的安装文件包,并复制到 D 盘根目录下,结果如图 1-2 所示。需要注意的是,解压时必须关闭杀毒软件,否则"启动 AppInventor"文件将被杀毒软件清除。

图 1-2 安装文件

② 双击"启动 AppInventor"程序,将会出现两个窗口,如图 1-3 和图 1-4 所示。

图 1-3 服务启动

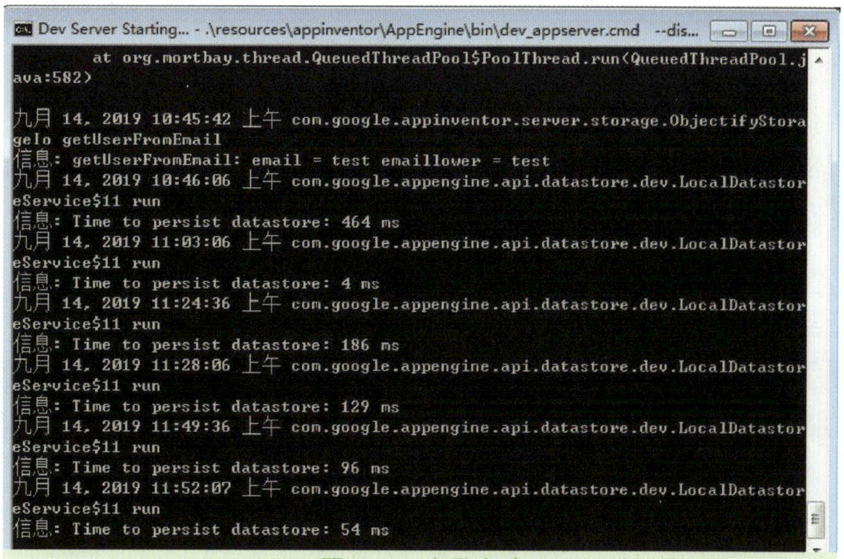

图 1-4　应用启动

　　如图 1-3 所示，如果出现"Server running"，表明应用服务已经成功启动；如果没出现，请重新运行"启动 AppInventor"程序。

　　同理，如图 1-4 所示，"Time to persist datastore"表明应用服务已经正常运行。如果没出现，请重新运行"启动 AppInventor"程序。

　　请不要关闭图 1-3、图 1-4 这两个窗口，最小化它们即可。

　　③ 使用 GoogleChrome 浏览器，在地址栏中输入网址"http:// 本机 IP 地址 :8888/?locale=zh_CN"，按回车键，然后在登录界面中输入自己的 E-mail 地址，单击"登录"按钮，进入离线编程界面，如图 1-5 所示。此处必须使用本机 IP 地址，若使用 localhost 或 127.0.0.1，将不能编译生成 APK 文件，且无法下载到手机。

图 1-5　App Inventor 离线开发界面

2. App Inventor 开发环境布局

（1）设计界面在着手开发 App 之前,首先需要熟悉一下 App Inventor 开发环境的界面布局,如图 1–6 所示为设计界面,该界面可以简单地划分为 7 个部分。

图 1–6 App Inventor 的设计界面

A:菜单栏,包含"项目""连接""编译""帮助"等菜单。

B:屏幕栏,可以为应用管理屏幕,包括"添加屏幕""删除屏幕"按钮和用于切换屏幕的下拉列表框。右边有两个按钮:"设计"和"编程",用于在组件设计和逻辑设计之间进行切换。

C:"组件面板",其中包含可供选择的各种组件,各种组件可以划分为以下几大类。

• "用户界面"类组件:如按钮、复选框等,用户通过这类组件与 App 进行交互。

• "界面布局"类组件:用于设计 App 界面的布局。

• "多媒体"类组件:用于播放音乐、视频等。

• "绘图动画"类组件:可绘制画布、动画角色,用于设计游戏界面。

• "地图应用"类组件:用于在 App 中添加地图标记。

• "传感器"类组件：包括加速度传感器、接近传感器等，以调用手机中的相关硬件，进行各种测量。

• "社交应用"类组件：用于调用手机的拨号功能。

• "数据存储"类组件：一个小型数据库，用于存储数据。

• "通信连接"类组件：用于开启手机的蓝牙、无线网络连接。

D："工作区域"面板，用于放置 App 中所需的组件。

E："组件列表"面板，显示项目中的所有组件，添加到工作区域中的任何组件都将显示在该列表中。

F："素材"面板，显示项目中的所有媒体资源（图像、视频和音频等）。通过此面板可以上传、下载或删除素材。只有上传到"素材"面板中的素材才可以为 App 所调用。

G："属性面板"，用于设置组件的属性。在"工作区域"窗口中单击某个组件，"属性面板"中将显示该组件的相关属性，可根据需要修改属性值。

（2）编程界面

App Inventor 的编程界面如图 1–7 所示。

图 1–7　App Inventor 的编程界面

左侧为"代码块"面板，右侧为"工作区域"面板。其中，"代码块"面板提供了三类代码块，分别为"内置块"（公用的模块）、"Screen1"（屏幕）和"组件类"。

"工作区域"面板右上角有一个背包形状的工具，它提供了复制代码块的功能，可以帮助开发者把代码块从一个项目或屏幕中复制到另一个项目或屏幕中。复制时,可以直接把代码块拖入背包;粘贴时,则需要先单击背包将其打开,然后再将代码块拖入编程区域即可。如程序有错误,会显示警告。

内置块共有 8 个代码块,每个代码块都用不同的颜色来表示(见表 1-1),代码和代码之间有对应的接口。在学习编写代码时,可充分借助颜色优势,像拼积木一样把代码块拼接起来。

★ 表 1-1　内置代码块 ★

颜色		名称	功能描述
棕色	■	控制	控制整个程序的主要逻辑和运行方式,包括判断语句、循环语句、屏幕切换等
绿色	■	逻辑	程序运行中返回逻辑值,包含真值与假值及其关系
蓝色	■	数学	数学运算模块,包含定义数值、数值运算、生成随机数等功能
玫瑰红	■	文本	包含文本的编辑、合并、长度统计、删除、转换等功能
浅蓝色	■	列表	列表及数据库,包含列表的创建、修改、删除、查找、求长度等功能
灰色	■	颜色	为 App 界面设置颜色
橙色	■	变量	定义变量,包括局部变量和全局变量
紫色	■	过程	定义过程,把函数组合成一个模块,以便调用

四、预备知识

1. 组件介绍

本项目中将要使用的组件如表 1-2 所示。

★ 表 1-2　组件列表 ★

组件	所属面板	作用
Screen		其他组件的容器,承载其他组件
垂直布局	界面布局	设计一个应用的登录界面,使组件布局整齐
标签	用户界面	显示文字,可设置文字的大小、颜色等
图片	用户界面	显示图片,可设置图片宽度、高度,上传图片
加速度传感器	传感器	通过手机加速度传感器(摇一摇)控制组件
接近传感器	传感器	通过手机接近传感器功能控制组件

Screen(屏幕)组件的属性如表 1-3 所示。

★ **表 1-3 Screen(屏幕)组件的属性** ★

属性	作用
应用说明	关于 App 的说明
水平对齐	横向对齐
垂直对齐	纵向对齐
应用名称	为 App 命名
背景颜色	设置背景颜色
背景图片	设置背景图片
关屏动画	关闭 App 时的动画,可选的动画效果有:渐隐、缩放、水平滑动、垂直滑动、无动画和默认
图标	设置 App 的图标
开屏动画	启动 App 时的动画,选项与关屏动画一样
屏幕方向	设置屏幕方向,可选项有:不设方向、锁定竖屏、锁定横屏、自动感应、用户设定
允许滚动	勾选此复选框时允许滚动屏幕,否则不允许滚动屏幕
标题	设置 App 的标题文字

"垂直布局"组件的属性如表 1-4 所示。

★ **表 1-4 "垂直布局"组件的属性** ★

属性	作用
水平对齐	横向对齐
垂直对齐	纵向对齐
显示状态	勾选复选框表示显示当前布局,否则隐藏
宽度	设置标签的宽度,可以是自动、充满或者输入像素值
高度	设置标签的高度,可以是自动、充满或者输入像素值

"标签"组件的属性如表 1-5 所示。

★ **表 1-5 "标签"组件的属性** ★

属性	作用
粗体	字体是否加粗
斜体	字体是否斜体
字号	文字的大小
显示文本	在屏幕上显示输入的文字
宽度	设置标签的宽度,可以是自动、充满或者输入像素值
高度	设置标签的高度,可以是自动、充满或者输入像素值
允许显示	勾选此复选框时显示标签,否则隐藏标签

"图片"组件的属性如表 1–6 所示。

★ 表 1–6 "图片"组件的属性 ★

属性	作用
图片	图片文件名
显示状态	勾选此复选框时显示图片,否则隐藏图片
宽度	设置图片的宽度,可以是自动、充满或者输入像素值
高度	设置图片的高度,可以是自动、充满或者输入像素值
允许显示	勾选此复选框时显示图片,否则隐藏图片

2. 积木介绍

表 1–7~ 表 1–9 列出了本项目所用组件或内置块的积木。

★ 表 1–7 "加速度传感器"组件的积木 ★

积木	类型	作用
当 加速度传感器1 被晃动时 执行	事件	当手机被晃动(摇一摇)时执行动作
当 ProximitySensor1 接近状态改变时 距离 执行	事件	当近距离接触手机时执行的动作

★ 表 1–8 内置块"文本"的积木 ★

积木	类型	作用
" "	赋值	显示一个字符串
拼字串	赋值	把两个以上的字符串连接在一起
的 长度	取结果	求文本的长度
为空	取结果	文本为空
文本 小于	取结果	比较文本的长度
删除 首尾空格	取结果	删除文本的首尾空格

积木	类型	作用
将 ▮ 转为大写 ▾	赋值	把小写字母转换为大写
▮ 在文本 ▮ 中的位置	取结果	取文本中的一个字符的位置索引值
文本 ▮ 中包含 ▮	取结果	判断文本中是否包含指定的字符
用分隔符 ▮ 对文本 ▮ 进行 分解 ▾	取结果	用指定分隔符对文本进行分解
用空格分解 ▮	取结果	用空格分解文本
从文本 ▮ 的 ▮ 处截取长度为 ▮ 的子串	取结果	从文本中的指定位置开始截取指定长度字符串
将文本 ▮ 中所有 ▮ 替换为 ▮	取结果	替换文本中的部分文字
▮ 为字符串	取结果	把指定文本转换为字符串

★ 表1-9 "标签"和"图片"组件的积木 ★

积木	类型	作用
设 图片1 ▾ 的 图片 ▾ 为 " hqds.jpg " 动画类型 高度 高度百分比 ✓ 图片 旋转角度 自动缩放图片 放大倍数 允许显示 宽度 宽度百分比	设置图片属性	可设置图片的动画类型、高度、图片、旋转角度、显示状态、宽度等属性
设 标签1 ▾ 的 允许显示 ▾ 为 假 ▾ 背景颜色 字号 启用边距 高度 高度百分比 显示文本 文本颜色 ✓ 允许显示 宽度 宽度百分比	设置标签属性	可设置标签的背景颜色、字号、高度、显示文本、文本颜色、允许显示、宽度等属性

使用 App Inventor 开发 App 的一般步骤如图 1-8 所示,实际的开发步骤可能与此略有不同。

1. 新建项目

单击窗口上部左侧的"新建项目"按钮,弹出"新建项目"对话框,如图 1-9 所示,输入项目名称"magic",然后单击"确定"按钮,即可新建一个名为 magic 的项目。

图 1-8 App 开发步骤

图 1-9 "新建项目"对话框

2. 导入素材

本项目需要的素材为两张图片,如图 1-10 所示。

图 1-10 素材

所有素材必须上传到系统中,才能为所开发的 App 所用。

单击"素材"面板中的"上传文件"按钮,如图 1-11 所示;在打开的"上传文件"对话框中,如图 1-12 所示,单击"选择文件"按钮,弹出如图 1-13 所示的"打开"对话框,选择素材图片后

图 1-11 "素材"面板

图 1-12 "上传文件"对话框

图 1-13 选择素材图片

单击"打开"按钮。

在"上传文件"对话框中单击"确定"按钮,即可完成文件的上传,如图 1-14 所示。

图 1-14 上传文件的"素材"面板

3. 设计流程图

"变魔术"App 的设计思路:程序初始化以后,屏幕上显示文本"摇一摇有惊喜啊!"和图片 1;用户摇一摇手机,屏幕中文本变为"把手放到手机上方,图片会消失!",并显示图片 2;用户手掌近距离接触手机时,屏幕中再次显示文本"摇一摇有惊喜啊!"和图片 1。程序流程图如图 1-15 所示。

4. 组件设计

本项目中所用的组件主要有 Screen(屏幕)、垂直布局、标签、图片、加速度传感器、接近传感器等,它们以垂直布局排列。在"组件面板"中找到相应的组件,并将其拖到"工作区域"面板中,然后按照表 1-10 所示,在"属性面板"中设置相关属性。设计效果如图 1-16 所示,组件列表如图 1-17 所示。

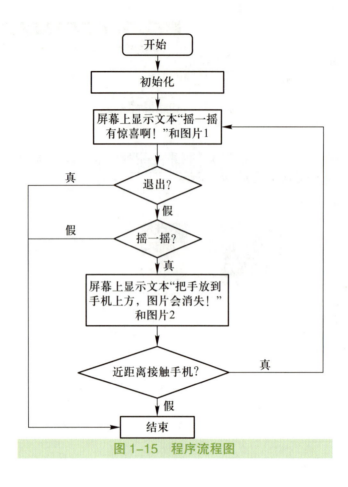

图 1-15　程序流程图

★ 表 1-10　组件属性设置 ★

组件	所属面板	命名	作用	属性	属性值
Screen		Screen1	承载其他组件	标题	变魔术
垂直布局	界面布局	垂直布局 1	垂直排列	宽度	100%
				高度	100%
图片	用户界面	图片 1	显示图片	图片	eg.jpg
				高度	100%
				宽度	100%
加速度传感器	传感器	加速度传感器 1	手机摇一摇	启用	真
接近传感器	传感器	接近传感器 1	手机近距离接触	接近传感器	真
标签	用户界面	标签 1	显示文本	字号	24
				显示文本	摇一摇有惊喜啊！
				文本颜色	蓝色
				显示状态	真

说明：在此表格中没有设置的组件属性均采用默认设置。

图 1-16 设计效果

图 1-17 组件列表

5. 逻辑设计

（1）加速度传感器

单击屏幕栏右侧的"编程"按钮，进入程序设计界面。用户摇一摇手机，屏幕中文本显示为"把手放到手机上方，图片会消失！"，图片 1 的图片显示为 hgds.jpg，如图 1-18 所示。

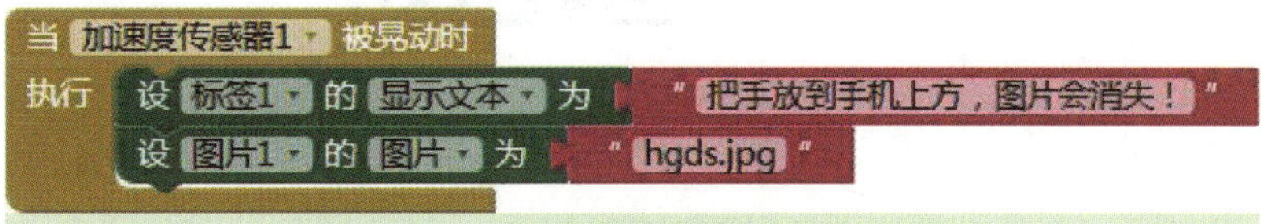

图 1-18 加速度传感器的逻辑设计

（2）接近传感器

用户手掌近距离接触手机，屏幕中文本显示为"摇一摇有惊喜啊！"；图片 1 的图片显示为 eg.jpg，如图 1-19 所示。

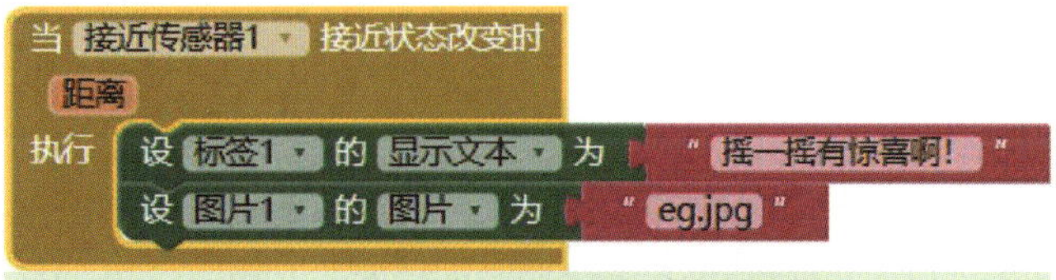

图 1-19 接近传感器的逻辑设计

到现在，我们的程序已经编写完毕，完整代码如图 1-20 所示。接下来将进行测试。

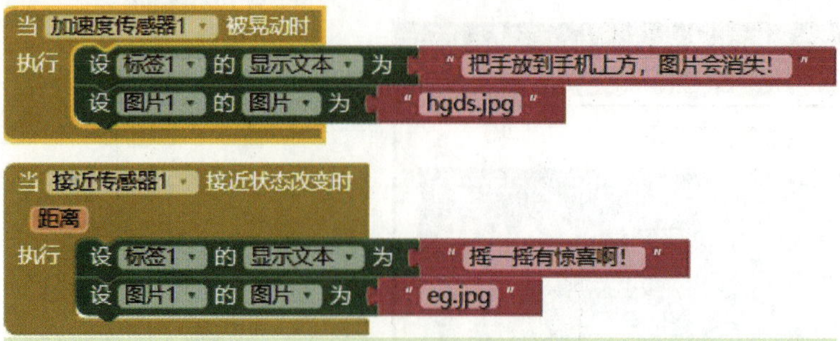
当 加速度传感器1 被晃动时
执行 设 标签1 的 显示文本 为 " 把手放到手机上方，图片会消失! "
设 图片1 的 图片 为 " hgds.jpg "
当 接近传感器1 接近状态改变时
距离
执行 设 标签1 的 显示文本 为 " 摇一摇有惊喜啊! "
设 图片1 的 图片 为 " eg.jpg "
图 1-20　完整的代码

6. 连接测试

(1) 下载 AI 伴侣

① 在菜单栏中单击“帮助”→“AI 伴侣信息”命令，如图 1-21 所示

② 在弹出的“关于 AI 伴侣”对话框中，如图 1-22 所示，用手机扫描二维码下载 AI 伴侣并安装。实际上，App Inventor 的安装包中包含该文件，如果无法下载，可以将其复制到手机上进行安装。

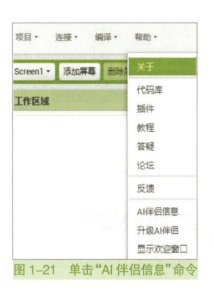

项目
连接
编译
帮助
Screen1
添加屏幕
工作区域
关于
代码库
插件
教程
答疑
论坛
反馈
AI伴侣信息
升级AI伴侣
显示欢迎窗口
图 1-21　单击“AI 伴侣信息”命令

关于AI伴侣
AI伴侣版本2.46
下载网址：
http://localhost:8888/companions/MITAI2Companion.apk
确定
图 1-22　下载“AI 伴侣”

(2) 测试程序

① 在菜单栏中单击“连接”→“AI 伴侣”命令，弹出如图 1-23 所示的对话框。

② 启动手机的“AI 伴侣”程序，如图 1-24 所示，输入六位字符编码，弹出程序界面，如图 1-25 所示，测试成功。

(3) 保存文件

① 在菜单栏中单击“项目”→“保存项目”命令，如图 1-26 所示，保存项目。

② 在菜单栏中单击“项目”→“导出项目(.aia)”命令，可导出 .aia 格式的源文件，以便修改。

图 1-23 "连接伴侣程序"对话框

图 1-24 手机 AI 伴侣

图 1-25 程序测试界面

图 1-26 保存项目

六、项目拓展

现在来设计一个小游戏,单击按钮时会发出小狗的叫声,摇一摇手机会出现小狗的照片;手近距离接触手机屏幕时,小狗消失。

1. 界面设计

该小游戏的界面设计如图 1-27 所示。

图 1-27 组件效果图

2. 逻辑设计

逻辑设计如图 1-28 所示。初始化时,标签显示"摇一摇会有惊喜";单击按钮,播放音频,发出小狗的声音;当摇晃手机时,显示小狗的照片并播放小狗的叫声;手近距离接触屏幕时,小狗照片消失。

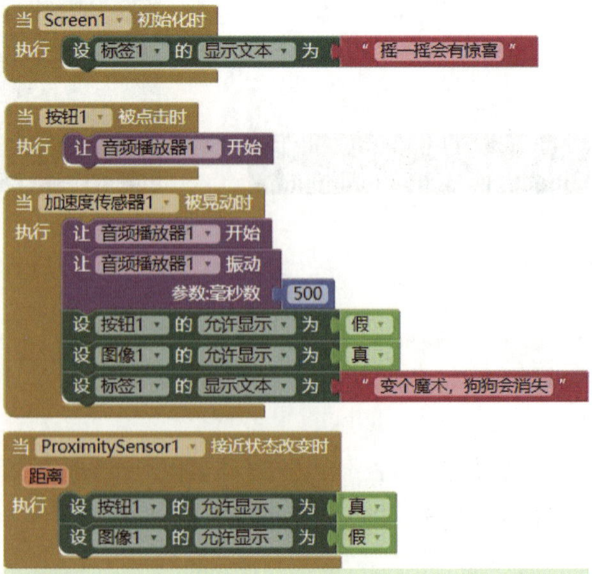

图 1-28 逻辑设计

项目 2
学英语

一、项目分析

通过开发"学英语"App,将手机变成一个语言学习机,可以使用它和朋友或家人一起学习英语。"学英语"App 的界面如图 2-1 所示。

在这个 App 中,用户在文本框中输入英文单词或句子,单击"发音"按钮,手机就会朗读英文单词或句子。

二、项目目标

① 掌握语言学习机的制作方法。

② 会用"按钮""文本""输入框""图片"和"语音合成器"等组件进行逻辑设计。

③ 理解程序编程的逻辑,掌握语音合成的方法。

三、项目准备

1. 新建项目

单击窗口上部左侧的"新建项目"按钮,弹出"新建项目"对话框,如图 2-2 所示,请输入项目名称"Learn English",然后单击"确定"按钮。

图 2-1 "学英语"App 界面

2. 导入素材

本项目需要的素材为两张图片，如图 2-3 所示。

图 2-2 新建 Learn English 项目

图 2-3 素材

四、项目实施 //

1. 设计流程图

用户在文本框输入单词或句子，然后单击"发音"按钮，程序朗读用户输入的单词或句子。程序的流程图如图 2-4 所示。

2. 组件介绍

本项目中将使用"语音合成器"组件，其属性如表 2-1 所示，其包含的积木如表 2-2 所示。

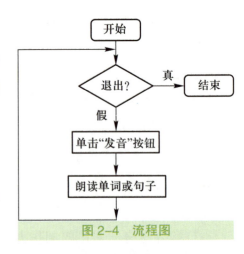

图 2-4 流程图

★ 表 2-1 "语音合成器"组件的属性 ★

属性名	作用
国家或地区	指定语音合成器采用哪个国家或地区的语言
语言	指定语音合成器采用哪种语言
音调	语音合成器朗诵的语调
语速	语音合成器朗诵的语速

★ 表 2-2 "语音合成器"组件的积木 ★

积木	类型	作用
当 语音合成器1 · 完成合成时 返回结果 执行	事件	文本转为语音后事件

积木	类型	作用
当 语音合成器1 准备合成时 执行	事件	文本转为语音前事件
让 语音合成器1 合成语音 参数:文字	方法	将指定文本转为语音
设 语音合成器1 的 国家或地区 为 ✓ 国家或地区 / 语言 / 音调 / 语速	取属性值	设置"语音合成器"组件的属性
语音合成器1	取属性值	文本转为语音组件

3. 组件设计

需要设计的组件主要有"标签""图片""语音合成器"和"按钮",它们以垂直布局排列,"标签"组件用于显示提示信息,"图片"组件用于显示指定的图片,"按钮"组件用于控制发音,"语音合成器"组件用于把文本转换为声音。在"组件面板"中,找到相应的组件,并将其拖到"工作区域"面板中,然后按照表 2-3 所示在"属性面板"中设置各组件的属性。组件设计效果如图 2-5 所示,组件列表如图 2-6 所示。

★ 表 2-3　组件属性设置 ★

组件	所属面板	命名	作用	属性	属性值
Screen		Screen1	承载其他组件	标题	学英语
图片	用户界面	图像 1	显示图片	图片	boy.jpg
标签	用户界面	标签 1	显示文本	文本	我们一起来学英语
文本输入框	用户界面	文本输入框 1	输入文字	提示	请输入英文单词
				允许多行	选中
按钮	用户界面	按钮 1	等待触摸	图片	phone.jpg
				宽度	50 像素
				高度	50 像素
语音合成器	多媒体	语音合成器 1	把文本转换为语音	音调	1
				语速	1

说明:在此表格中没有设置的组件属性均采用默认设置。

图 2-5 组件设计效果　　　　　　　图 2-6 组件列表

4. 逻辑设计

单击主界面右上角的"编程"按钮,开始进行逻辑设计。系统默认是在 Screen 组件中对属性进行设置。由于不涉及素材加载,所以省略了程序初始化的操作。

"发音"按钮功能的实现分为两步:首先把输入的语言指定为英语,然后把文本转换为语音。"语音合成器"组件已经有封装好的积木和行为(见表 2-4),可以实现这些功能,我们只需要拼积木即可。

★ 表 2-4 "语音合成器"组件的行为 ★

积木	行为
设 语音合成器1 的 语言 为 " eng "	指定用哪一种语言来发音
让 语音合成器1 合成语音 参数:文字 文本输入框1 的 显示文本	朗读文本作为文本输入框的返回值

逻辑设计如图 2-7 所示。

至此,程序已经编写完毕,接下来进行连接测试。在离线环境下有三种连接方式,可选择采用 AI 伴侣来测试程序。

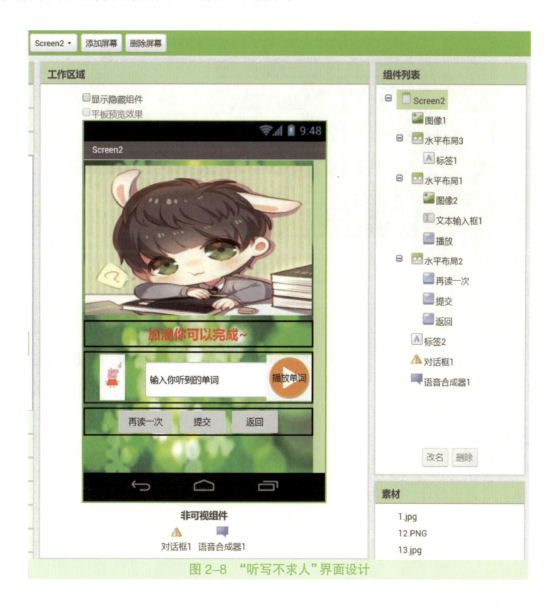

当 按钮1 ▼ 被点击时
执行 设 语音合成器1 ▼ 的 语言 ▼ 为 " eng "
让 语音合成器1 ▼ 合成语音
参数:文字 文本输入框1 ▼ 的 显示文本 ▼

图 2-7　逻辑设计

5. 连接测试

打开 AI 伴侣将它与安卓设备连接,详细的操作步骤请参阅项目 1 的介绍。

五、项目拓展 //

除了朗读输入的单词或句子外,还可以借助"语音合成器"朗读已有的单词,进行听写练习。程序界面及逻辑设计如图 2-8、图 2-9 所示。

Screen2 ▼　添加屏幕　删除屏幕

工作区域

☐ 显示隐藏组件
☐ 平板预览效果

Screen2

加油你可以完成~

输入你听到的单词　播放单词

再读一次　提交　返回

非可视组件

对话框1　语音合成器1

组件列表

□ Screen2
　　图像1
□ 水平布局3
　　标签1
□ 水平布局1
　　图像2
　　文本输入框1
　　播放
□ 水平布局2
　　再读一次
　　提交
　　返回
　　标签2
　　对话框1
　　语音合成器1

改名　删除

素材

1.jpg
12.PNG
13.jpg

图 2-8　"听写不求人"界面设计

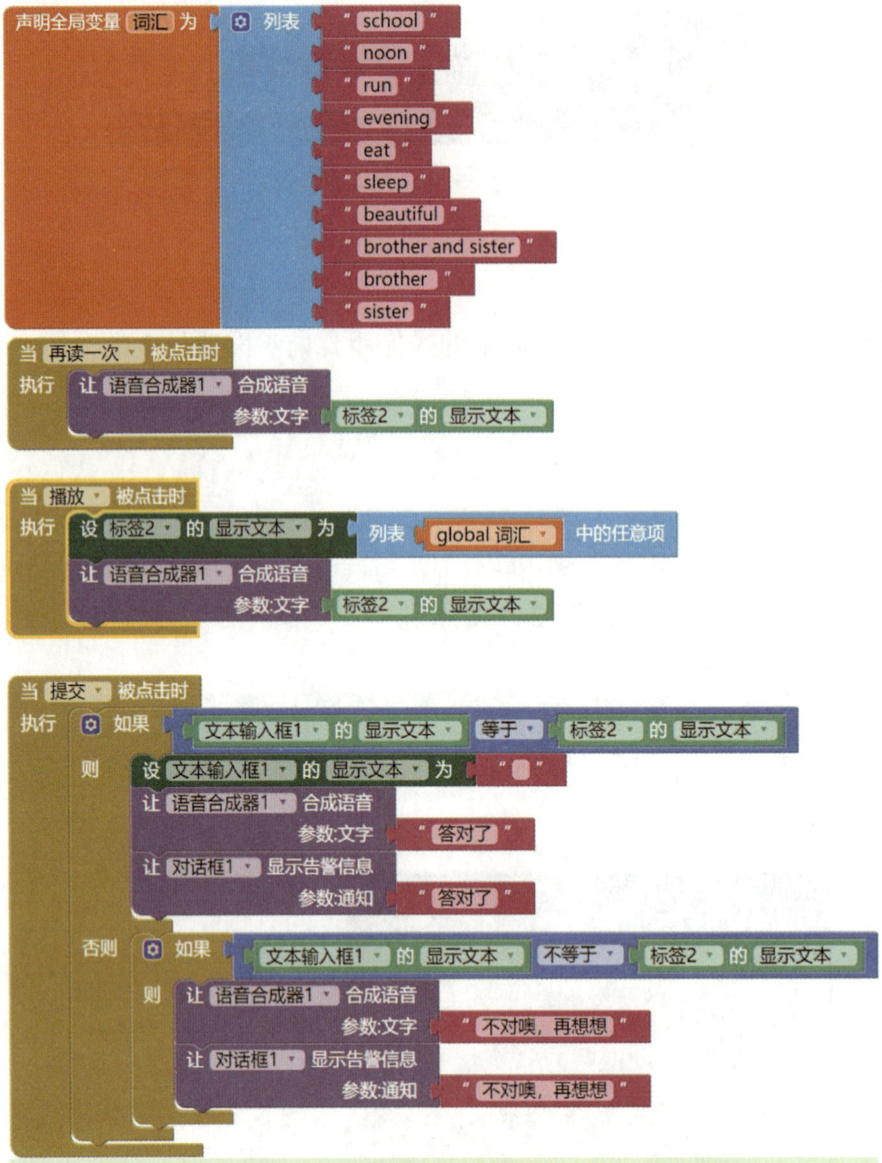

图 2-9 "听写不求人"逻辑设计

1. 界面设计

在这个 App 中,用户在文本框中输入听到的英文单词,单击"提交"按钮,程序给出反馈"正确还是错误",如没听清楚,单击"再读一次"按钮。

2. 逻辑设计

调用列表组件,设计一个数据列表,含 10 个单词。

请读者完成逻辑设计,完整的代码可参考素材文件夹中的拓展代码源程序。

项目 3

看电影

一、项目分析

通过开发"看电影"App,学习如何制作视频播放器。"看电影"App 的运行界面如图 3-1 所示。

在"看电影"这个 App 中,用户单击"开始"按钮,播放视频,并显示影片长度;单击"暂停"按钮,暂停播放视频;单击"全屏"按钮,全屏播放视频;拖动音量滚动条,播放音量随之变化。

二、项目目标

① 掌握视频播放器组件的使用方法。

② 会用按钮、文本和视频播放器、摄像机等组件进行逻辑设计。

③ 理解程序设计的逻辑,掌握实现视频播放、视频录制的方法。

图 3-1 "看电影"App 运行界面

三、项目准备

1. 新建项目

单击窗口上部左侧的"新建项目"按钮,打开"新建项目"对话框,如图 3-2 所示,请输入项目名称"SeeMovie",然后单击"确定"按钮。

2. 导入素材

本项目使用的素材包括一段视频和 3 个按钮图标,如图 3-3 所示。安卓手机支持的视频格式一般为 3GP 和 MP4,由于 App Inventor 对程序素材有 5 MB 的限制,所以在选择视频时要留意其格式和大小。

图 3-2 "新建项目"对话框

图 3-3 素材图片

四、项目实施

1. 设计流程图

程序运行的流程:用户单击"开始"按钮,播放影片,并显示影片长度;单击"暂停"按钮,暂停播放影片;单击"全屏"按钮,全屏播放影片;拖动滚动条,可调整影片音量。程序的流程图如图 3-4 所示。

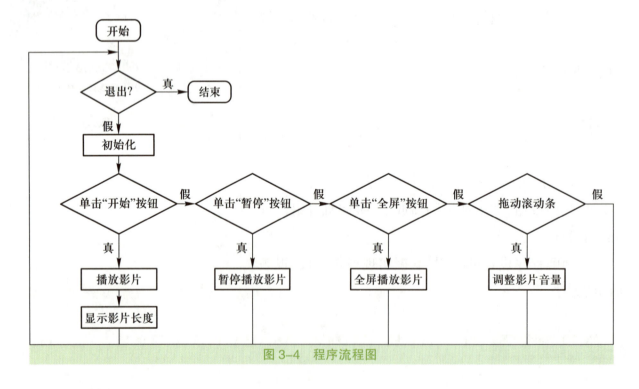

图 3-4 程序流程图

2. 组件介绍

本项目的 App 将调用"视频播放器"组件和"摄像机"组件。"视频播放器"组件的属性和积木如表 3-1、表 3-2 所示。"摄像机"组件没有需要设置的属性,其积木如表 3-3 所示。

★ 表 3-1 "视频播放器"组件的属性 ★

属性名	作用
源文件	视频播放器将要播放的文件
允许显示	选中此复选框,则显示视频;否则,不显示视频
音量	调整视频的音量
宽度	设置视频播放器的宽度,默认值为"自动",可选项还有"充满"和具体的像素值和百分比
高度	设置视频播放器的高度,默认值为"自动",可选项还有"充满"和具体的像素值和百分比

★ 表 3-2 "视频播放器"组件的积木 ★

积木	类型	作用
当 VideoPlayer1 .已完成 执行	事件	当播放器播放完成后执行指定事件
调用 视频播放器1 .求时长	方法	影片时长
调用 视频播放器1 .暂停	方法	暂停播放
调用 视频播放器1 .搜寻 毫秒数	方法	跳到指定时间继续播放视频
调用 视频播放器1 .开始	方法	开始播放
设 视频播放器1 . 开启全屏 为 ✓ 开启全屏 高度 源文件 显示状态 音量 宽度	取属性值	设置视频是否全屏显示、播放器的高度与宽度、是否可见、音量等属性
视频播放器1	取对象值	视频播放器组件

★ 表 3-3 "摄像机"组件的积木 ★

积木	类型	作用
当 摄像机1 .录制完成 视频位址 执行	事件	摄像机录制完成后执行指定事件
调用 摄像机1 .开始录制	方法	调用摄像机开始录制
摄像机1	取对象值	摄像机组件

3. 组件设计

需要设计的组件主要有视频播放器、按钮和标签,它们以垂直布局排列;按钮用于控制视频,视频播放器用于播放视频,标签用于显示提示信息。在"组件面板"中找到相应的组件,并将其拖到"工作区域"面板中,然后按照表 3-4 所示在"属性面板"中设置相关属性。组件设计效果如图 3-5 所示,组件列表如图 3-6 所示。

★ 表3-4 组件属性设置 ★

组件	所属面板	命名	作用	属性名	属性值
Screen		Screen1	承载其他组件	标题	看电影
				屏幕方向	自动感应
水平布局	界面布局	水平布局 1	水平排列	宽度	250 像素
		水平布局 2	水平排列	宽度	250 像素
视频播放器	多媒体	VideoPlayer1	播放视频	源文件	001.mp4
				高度	220 像素
				宽度	充满
按钮	用户界面	Begin	等待触摸	图片	play.jpg
按钮	用户界面	Pause	等待触摸	图片	pause.jpg
按钮	用户界面	full	等待触摸	图片	full.jpg
标签	用户界面	标签 1	短片长度注释	文本	影片长度
标签	用户界面	标签 2	显示短片长度	文本	无
标签	用户界面	标签 3	注释	文本	音量
滑动条	用户界面	滑动条 1	控制音量	最大值	220 像素
				最小值	10 像素
				滑块位置	30 像素
				宽度	220 像素

说明:在此表格中没有设置的组件属性均采用默认设置。

图 3-5 组件设计效果

图 3-6 组件列表

4. 逻辑设计

现在,单击右上角的"编程"按钮,进行程序的逻辑设计。

（1）程序初始化

当启动程序时,程序初始化,自动加载视频"001.mp4",如图 3-7 所示。

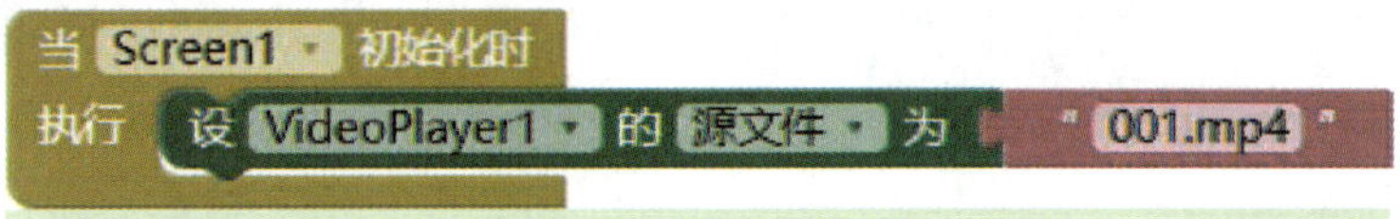

图 3-7　程序初始化

（2）播放控制

播放控制是指通过按钮实现视频的播放或暂停,播放的同时获取视频片段的长度,播放完毕后自动循环播放。单击"开始"按钮时,开始播放视频;短片的长度为视频播放器的播放时长,单位是毫秒(ms),所以要除以 1 000 得到秒数,并通过合并文本,添加短片长度的单位。单击"暂停"按钮,暂停播放视频;视频播放完毕,自动循环播放。拖动滑动条,可调节音量。逻辑设计如图 3-8 所示,积木的行为如表 3-5 所示。

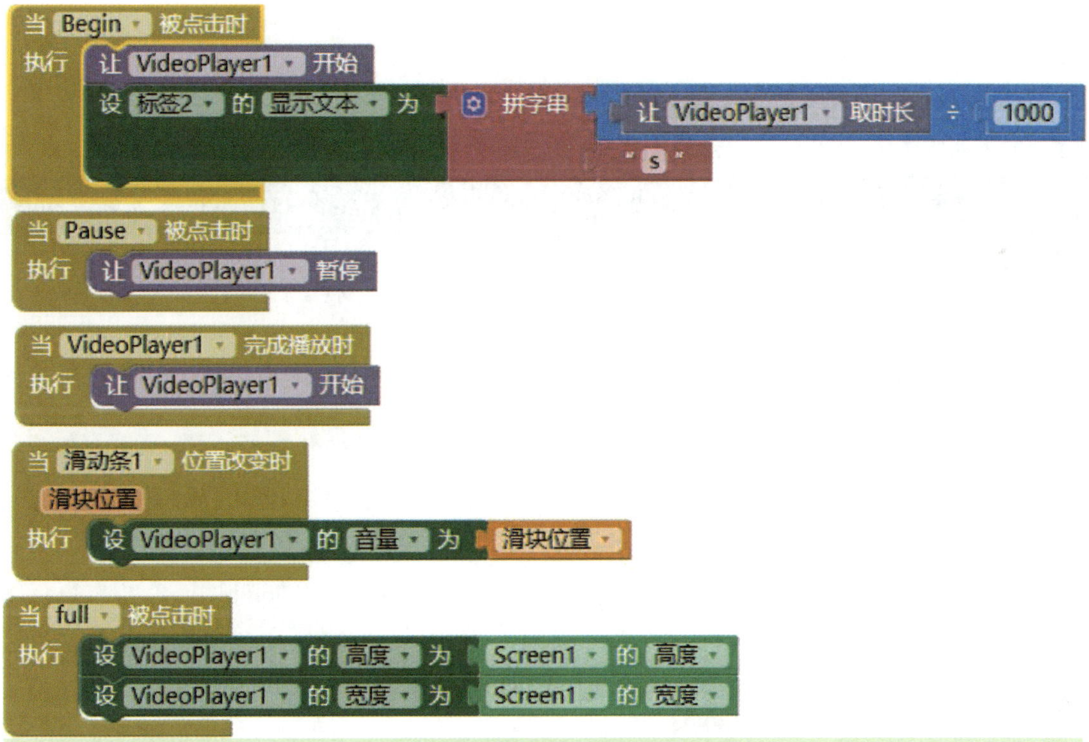

图 3-8　播放控制逻辑设计

至此,程序已经编写完毕,完整的代码如图 3-9 所示。接下来将进行连接测试。

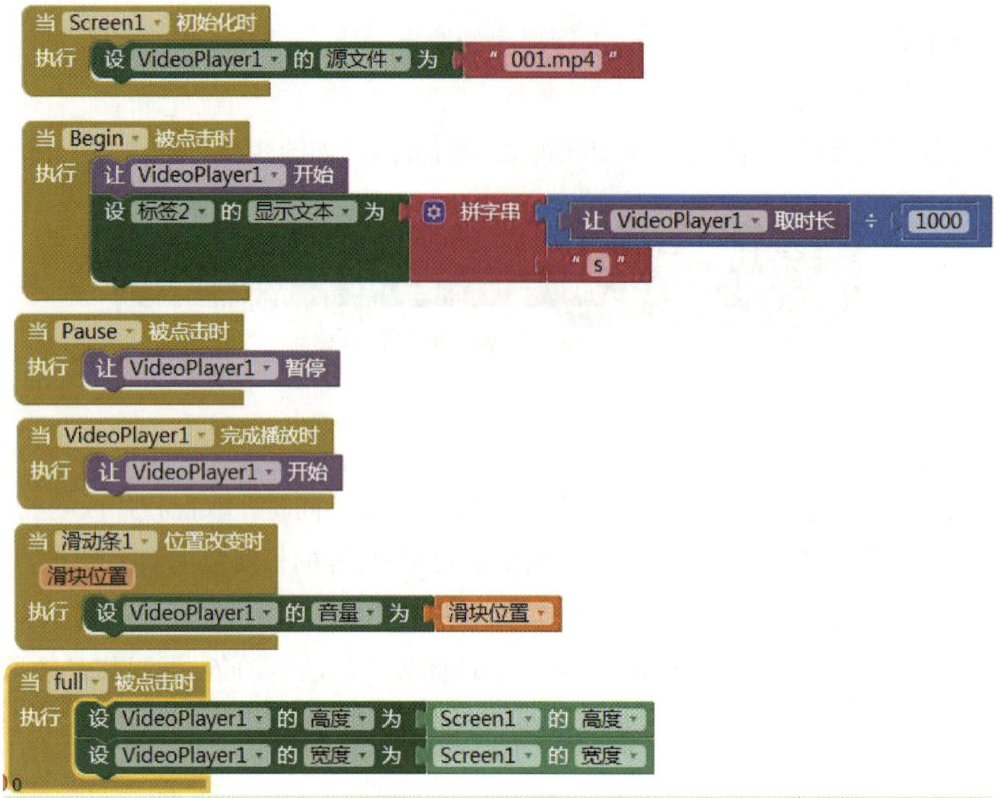

图 3-9 完整代码

★ 表 3-5 积木的行为 ★

积木	行为
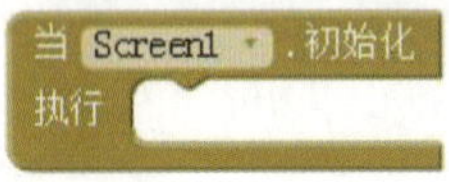 当 Screen1 .初始化 执行	程序启动时即将执行的代码
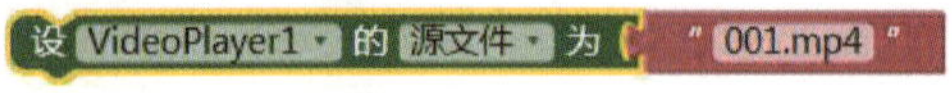 设 VideoPlayer1 的 源文件 为 " 001.mp4 "	视频播放器加载即将播放的视频 "001.mp4"
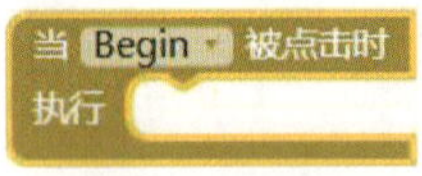 当 Begin 被点击时 执行	单击"开始"按钮时执行的代码
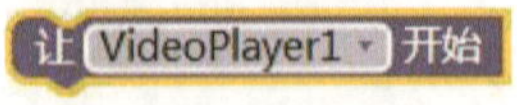 让 VideoPlayer1 开始	开始播放视频
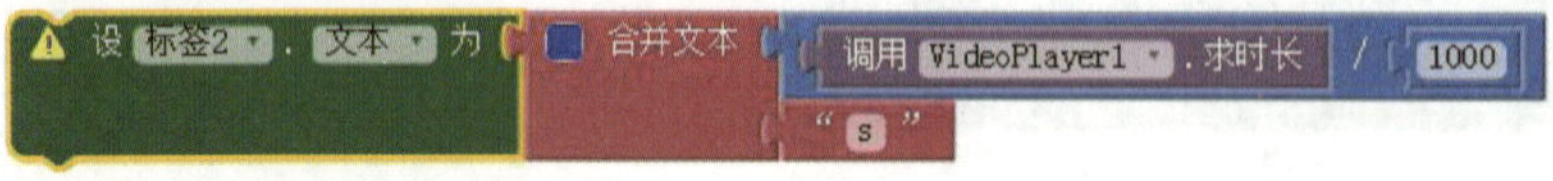 ⚠ 设 标签2 . 文本 为 合并文本 调用 VideoPlayer1 .求时长 / 1000 " s "	取视频播放器的播放时长并除以 1 000，得到秒数，然后通过合并文本添加播放时长的单位
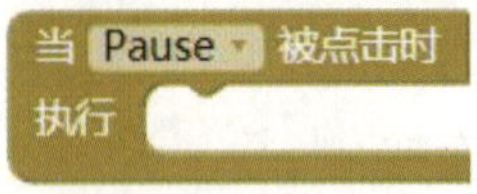 当 Pause 被点击时 执行	单击"暂停"按钮时执行的代码
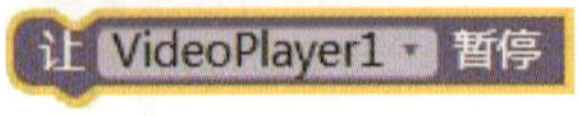 让 VideoPlayer1 暂停	暂停播放视频

积木	行为
当 VideoPlayer1 .已完成 执行	视频播放完毕
当 滑动条1 位置改变时 滑块位置 执行	当滑动条被拖动
设 VideoPlayer1 的 音量 为 滑块位置	视频播放器的音量随滑动位置变化

5. 连接测试

通过"AI 伴侣"App 将程序与安卓手机连接,测试运行效果。详细的操作步骤请参阅项目1 的相关内容。

五、项目拓展

通过开发"拍录像"App,学习设计一个摄像机程序,其运行界面如图 3-10 所示。

在这个 App 中,用户单击"拍录像"按钮,进行录像;单击"播放视频"按钮,播放刚才拍摄的录像。界面设计及组件列表如图 3-11、图 3-12 所示,逻辑设计如图 3-13 所示。

图 3-10 "拍录像"App 运行界面

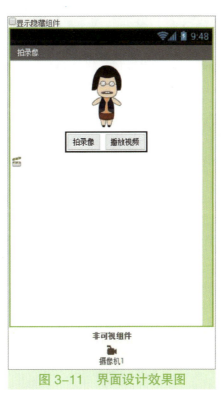

图 3-11 界面设计效果图

图 3-12 组件列表

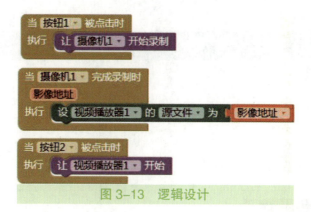

图 3-13　逻辑设计

项目 4

发短信

一、项目分析

通过开发"发短信"App，尝试向手机联系人发送短信。其运行界面如图 4-1 所示。

在这个 App 中，用户单击"选择联系人"按钮，调用手机通讯录，选择联系人，显示联系人名字及其头像，然后在文本框中输入短信内容，单击"发送短信"按钮，发送短信并显示提示信息"message sent"。

二、项目目标

① 掌握短信收发器的制作方法。

② 会对"联系人选择框"及"短信收发器"等组件进行设计。

③ 理解程序设计的逻辑，掌握发送短信的原理。

三、项目准备

单击窗口上部左侧的"新建项目"按钮，打开"新建项目"对话框，如图 4-2 所示，输入项目名称"SendMessage"，然后单击"确定"按钮。本项目不需要素材。

图 4-1 "发短信"App 运行界面

图 4-2 "新建项目"对话框

四、项目实施

1. 设计流程图

"发短信"App 的设计思路:用户单击"选择联系人"按钮,弹出联系人选择框,显示联系人名字及头像,选择联系人,输入短信,单击"发送短信"按钮,将短信发送给联系人。程序流程图如图 4-3 所示。

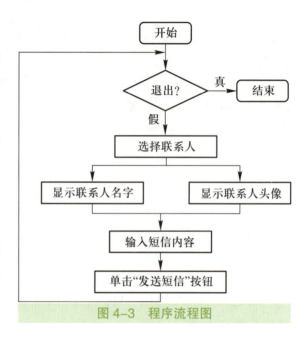

图 4-3　程序流程图

2. 组件介绍

本项目中涉及的两个关键组件是"联系人选择框"和"短信收发器",其属性和积木如表 4-1~表 4-4 所示。

★ 表 4-1　"联系人选择框"组件的属性 ★

属性名	作用
显示文本	显示自定义的联系人选择框名称
宽度	联系人选择框的宽度
高度	联系人选择框的高度

★ 表 4-2　"联系人选择框"组件的积木 ★

积木	类型	作用
当 联系人选择框1 完成选择时 执行	事件	联系人选择后事件
当 联系人选择框1 准备选择时 执行	事件	联系人选择前事件
当 联系人选择框1 获得焦点时 执行	事件	联系人聚焦事件
当 联系人选择框1 失去焦点时 执行	事件	联系人失焦事件
当 联系人选择框1 被按压时 执行	事件	联系人按下事件
当 联系人选择框1 被释放时 执行	事件	联系人松开事件

积木	类型	作用
让 联系人选择框1 打开选框	方法	呼叫联系人的方法
联系人选择框1 的 背景颜色 设 联系人选择框1 的 背景颜色 为 联系人选择框1 的 联系人姓名 联系人选择框1 的 联系人网址 联系人选择框1 的 邮箱 联系人选择框1 的 邮箱列表 联系人选择框1 的 启用 设 联系人选择框1 的 启用 为 联系人选择框1 的 粗体 设 联系人选择框1 的 粗体 为 联系人选择框1 的 斜体 设 联系人选择框1 的 斜体 为 联系人选择框1 的 字号 设 联系人选择框1 的 字号 为	取属性值	设置联系人背景颜色、联系人姓名、联系人邮箱、联系人邮箱列表、联系人是否激活（启用）、联系人字体及字号等属性
设 联系人选择框1 的 高度百分比 为 联系人选择框1 的 图片 设 联系人选择框1 的 图片 为 联系人选择框1 的 电话号 联系人选择框1 的 电话号列表 联系人选择框1 的 图片 联系人选择框1 的 显示互动效果 设 联系人选择框1 的 显示互动效果 为 联系人选择框1 的 显示文本 设 联系人选择框1 的 显示文本 为 联系人选择框1 的 文本颜色 设 联系人选择框1 的 文本颜色 为 联系人选择框1 的 允许显示 设 联系人选择框1 的 允许显示 为 联系人选择框1 的 宽度 设 联系人选择框1 的 宽度 为 设 联系人选择框1 的 宽度百分比 为 联系人选择框1	取属性值	设置联系人选择框的高度、背景图片、联系人电话、联系人电话列表、联系人头像、联系人文本颜色、联系人是否可见、联系人选择框的宽度等属性

属性名	作用
启用谷歌语音	启用谷歌语音发送短信
短信	显示短信内容
电话号码	显示电话号码
启用消息接收	关闭接收、前台接收、总是接收

★ 表 4-4 "短信收发器"组件的积木 ★

积木	类型	作用
当 短信收发器1 收到消息时 电话号 消息内容 执行	事件	短信到达事件
让 短信收发器1 发送消息	方法	发送短信
短信收发器1 的 启用谷歌语音 设 短信收发器1 的 启用谷歌语音 为 短信收发器1 的 短信 设 短信收发器1 的 短信 为 短信收发器1 的 电话号 设 短信收发器1 的 电话号 为 短信收发器1 的 侦听消息 设 短信收发器1 的 侦听消息 为	取属性值	设置是否启用谷歌语音(国内无法使用)、短信内容、电话号码、短信接收方式(不接收、前台接收、后台接收)等属性
短信收发器1	取属性值	短信组件

3. 组件设计

需要设计的组件主要有标签、联系人选择框、图片、按钮、文本输入框、短信收发器、对话框等,它们以垂直布局排列。联系人选择框用于从手机通讯录选择联系人,短信收发器用于收发短信。在"组件面板"中找到相应的组件,并将其拖到"工作区域"面板中,然后按照表 4-5 所示在"属性面板"设置相关属性。组件设计效果如图 4-4 所示,组件列表如图 4-5 所示。

★ 表 4-5 组件属性设置 ★

组件	所属面板	命名	作用	属性名	属性值
Screen		Screen1	承载其他组件	标题	发短信
水平布局	界面布局	水平布局 1	布局	水平对齐	居左
				垂直对齐	居上
标签	用户界面	通讯录	显示文字	文本	从通讯录
联系人选择框	社交应用	联系人选择框 1	弹出联系人选择框	文本	选择联系人
垂直布局	界面布局	垂直布局 1	布局	水平对齐	居左
				垂直对齐	居上
标签	用户界面	联系人号码	显示文字	文本	无
图片	用户界面	联系人头像	显示图片	图片	无
文本输入框	用户界面	文本输入框 1	输入文本	允许多行	选中
				文本	请输入短信内容
				提示	请输入短信内容
				高度	200 像素
按钮	用户界面	按钮 1	等待触摸	文本	发送短信
短信收发器	社交应用	短信收发器 1	收发短信	无	无

图 4-4　组件设计效果

图 4-5　组件列表

4. 逻辑设计

现在,单击右上角的"编程"按钮,进行程序的逻辑设计。

(1) 调用手机的联系人

当用户单击"选择联系人"按钮,调用"社交应用"面板中的"联系人选择框"组件,调用手机的通讯录,从中提取联系人信息,短信收发器获取联系人的号码、姓名和头像,赋给对应的标签和图片组件,使界面显示联系人的电话号码和头像。逻辑设计如图4-6所示。

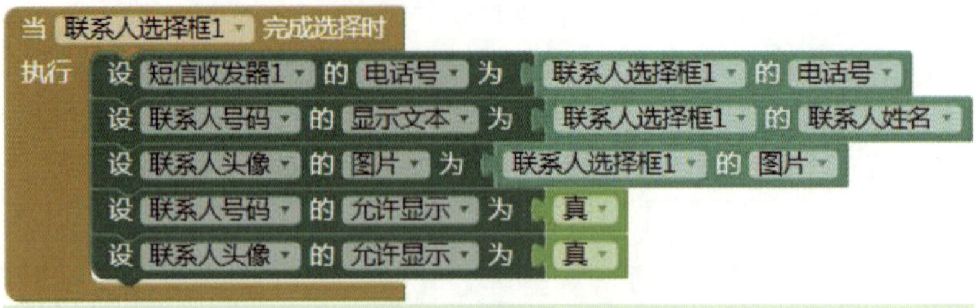

图 4-6　联系人选择框的逻辑设计

(2) 短信收发器

定义局部变量 number 和 messageText,用来存放短信收发器的电话号码和短信文本,文本输入框中的文本即消息内容。逻辑设计如图4-7所示。

图 4-7　短信收发器的逻辑设计

(3) 发送消息

当按钮1(即"发送短信"按钮)被单击,短信收发器获取联系人的电话号码,文本输入框中的文本传输到短信收发器,短信被发送,逻辑设计如图4-8所示。

图 4-8　发送短信的逻辑设计

至此,程序已经编写完毕,接下来将进行连接测试。

5. 连接测试

通过"AI 伴侣"App 将程序与安卓手机连接,测试运行效果。详细的操作步骤请参阅项目 1 的相关内容。

五、项目拓展

为"发短信"App 增加随机祝福功能,在发短信的时候可以选择祝福短信。其界面设计和组件列表如图 4-9 所示,逻辑设计如图 4-10 所示。

图 4-9 界面设计和组件列表

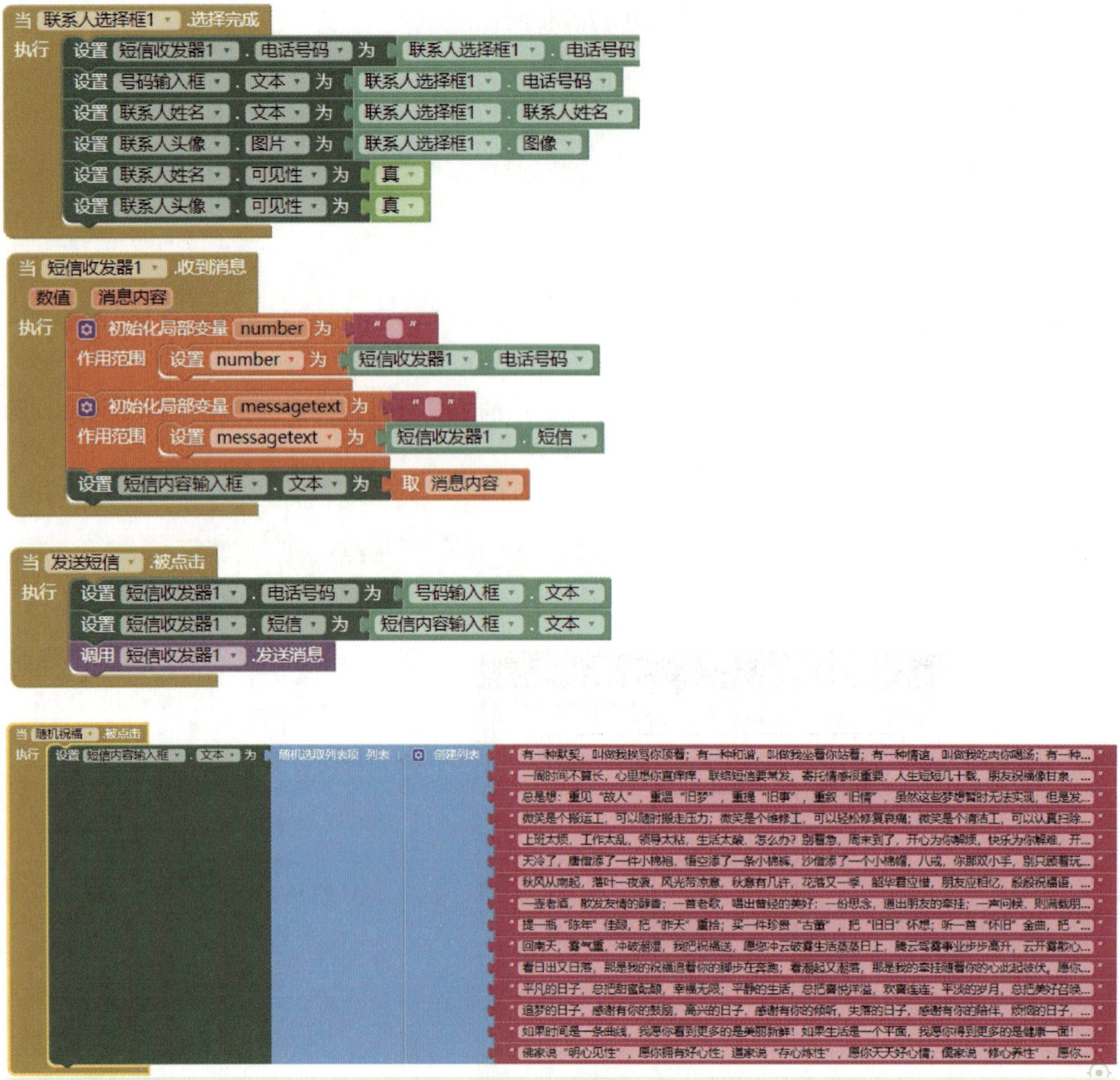
当 联系人选择框1 .选择完成
执行
设置 短信收发器1 . 电话号码 为 联系人选择框1 . 电话号码
设置 号码输入框 . 文本 为 联系人选择框1 . 电话号码
设置 联系人姓名 . 文本 为 联系人选择框1 . 联系人姓名
设置 联系人头像 . 图片 为 联系人选择框1 . 图像
设置 联系人姓名 . 可见性 为 真
设置 联系人头像 . 可见性 为 真
当 短信收发器1 .收到消息
数值 消息内容
执行
初始化局部变量 number 为 " "
作用范围 设置 number 为 短信收发器1 . 电话号码
初始化局部变量 messagetext 为 " "
作用范围 设置 messagetext 为 短信收发器1 . 短信
设置 短信内容输入框 . 文本 为 取 消息内容
当 发送短信 .被点击
执行
设置 短信收发器1 . 电话号码 为 号码输入框 . 文本
设置 短信收发器1 . 短信 为 短信内容输入框 . 文本
调用 短信收发器1 .发送消息
当 随机祝福 .被点击
执行 设置 短信内容输入框 . 文本 为 随机选取列表项 列表 创建列表

图 4-10　逻辑设计

项目 5

看连环画

优秀的连环画能给人们带来愉悦感。漂亮的图画、有趣的故事,对培养青少年的认知能力、观察能力、想象能力、创造力、色彩感和情感发育等有着潜移默化的影响。阅读丰富人生、增长智慧。本项目将开发一个"看连环画"App,通过它观看连环画《达达出游记》。该连环画的故事情节为:在晴朗的周末早上,达达背着相机高高兴兴地坐上公共汽车到广州塔附近游玩,并拍下各种美景。通过"看连环画"App,我们可以随着达达的镜头欣赏广州的街角美景,体会到国泰民安、繁华安定的社会景象。

一、项目分析

本项目的故事由 8 张连环画构成,由于图片数量比较少,在入门阶段,可为每张图片设计一个按钮,共 8 个。单击"图 1"按钮时显示第一张图片,单击"图 2"按钮时显示第二张图片,以此类推。在晋级阶段,可制作成图书翻页效果,通过"上一页"和"下一页"按钮进行翻页;同时增加首末页判断功能,翻到最后一页时不能再往后翻页,翻到第一页时不能再往前翻页。参考效果图如图 5-1 所示。

图 5-1 效果图

二、项目目标

① 会使用"水平布局"和"表格"组件进行界面布局。

② 会通过"标签"组件显示图片文件名。

③ 会定义全局变量。

④ 会使用"如果……则……否则……"语句实现流程控制。

三、项目准备

1. 新建项目

启动 App Inventor 软件，单击菜单"项目"→"新建项目"命令，打开"新建项目"对话框，在"项目名称"文本框中输入"SeePicture"，如图 5-2 所示。

图 5-2　新建 SeePicture 项目

2. 导入素材

在 App Inventor 离线开发环境右下角的"素材"面板中，单击"上传文件"按钮，如图 5-3 所示，弹出如图 5-4 所示的"上传文件"对话框；单击"选择文件"按钮，弹出如图 5-5 所示的对

图 5-3　"素材"面板

图 5-4　"上传文件"对话框

图 5-5　选择要导入的图片文件

话框,在素材文件夹中选择图片文件"1.jpg",单击"打开"按钮,弹出如图 5-6 所示的"上传文件"对话框,单击"确定"按钮。以同样的方法,分别导入其余 7 张图片"2.jpg"~"8.jpg",完成后的"素材"面板如图 5-7 所示。

图 5-6 单击"确定"按钮

图 5-7 导入素材图片后的"素材"面板

小提示 App Inventor 2018 不支持批量导入素材。

四、项目实施

(一)入门阶段

学会导入图片,实现用手机浏览图片的功能。"看连环画"App 在手机上的运行效果如图 5-8 所示。

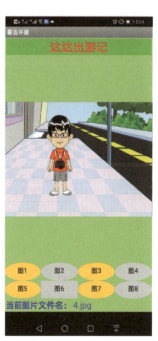

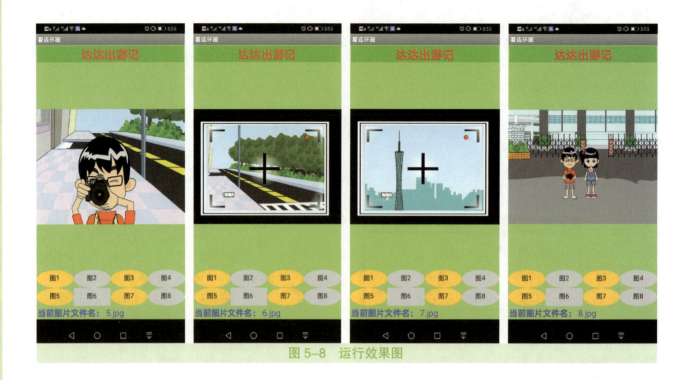

图 5-8 运行效果图

1. 设计流程图

"看连环画"App 的设计思路：App 启动后显示第 1 张图片及其文件名,用户单击某个按钮后,即显示相应的图片及其文件名。程序流程图如图 5-9 所示。

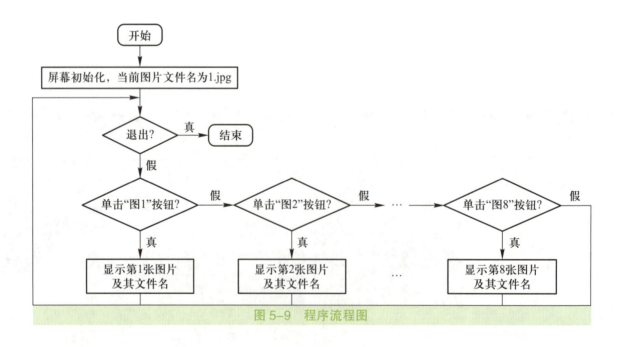

图 5-9 程序流程图

2. 组件介绍

本项目的关键是使用"水平布局"和"表格布局"组件进行界面布局设计,这两种组件的属性和积木如表 5-1~ 表 5-4 所示。

★ 表 5-1 "水平布局"组件的属性 ★

属性名	作用
水平对齐	横向对齐
垂直对齐	纵向对齐
背景颜色	设置背景颜色
宽度	设置宽度，可选项有"自动""充满"或者输入像素值
高度	设置高度，可选项有"自动""充满"或者输入像素值
图片	设置背景图片
允许显示	勾选此复选框，则显示组件，否则隐藏组件

★ 表 5-2 "表格布局"组件的属性 ★

属性名	作用
列数	设置表格的列数
高度	设置表格的高度
宽度	设置表格的宽度
行数	设置表格的行数
允许显示	勾选此复选框，则显示表格，否则隐藏表格

★ 表 5-3 "水平布局"组件的积木 ★

积木	类型	作用
设 水平布局1 的 水平对齐 为 ✓ 水平对齐 垂直对齐 背景颜色 高度 高度百分比 图片 允许显示 宽度 宽度百分比	赋值	设置水平布局框的水平对齐、垂直对齐、背景颜色、高度、高度百分比、图片、允许显示、宽度、宽度百分比等属性
水平布局1 的 垂直对齐 水平对齐 ✓ 垂直对齐 背景颜色 高度 图片 允许显示 宽度	取值	可返回水平布局框的水平对齐、垂直对齐、背景颜色、高度、图片、允许显示、宽度等属性值

积木	类型	作用
设 表格布局1 ▼ 的 高度 ▼ 为 ▼ ✓ 高度 高度百分比 允许显示 宽度 宽度百分比	赋值	可设置表格的高度、高度百分比、允许显示、宽度、宽度百分比等属性
表格布局1 ▼ 的 允许显示 ▼ 高度 ✓ 允许显示 宽度	取值	可返回表格的高度、允许显示、宽度等属性值

3. 组件设计

（1）布局设计

"看连环画"App 的界面整体上采用垂直布局方式，上方为标题，中间为图片，下方为 8 个按钮和图片文件名，如图 5-10 所示。

图 5-10 布局设计

（2）组件布局

本项目所用的组件主要有"按钮""标签""图片""垂直布局""水平布局"和"表格布局"等，组件布局效果和组件列表如图 5-11 所示。

（3）组件属性设置

按照图 5-11 所示的组件布局效果图，在"组件面板"中找到相应的组件，并将其拖到"工作区域"面板中，然后按照表 5-5 所示在"属性面板"中设置相关属性。

图 5-11　组件布局效果和组件列表

★ 表 5-5　组件属性设置 ★

组件	所属面板	命名	作用	属性名	属性值
Screen		Screen1	承载其他组件	标题	看连环画
垂直布局	界面布局	垂直布局 1	垂直排列	宽度	充满
				背景颜色	定制（草绿）
标签	用户界面	标签 1	显示标题	粗体	☑
				字号	25 像素
				宽度	充满
				显示文本	达达出游记
				文本对齐	居中
				文本颜色	红色
图片	用户界面	图片 1	显示图片	图片	1.jpg
				宽度	充满

组件	所属面板	命名	作用	属性名	属性值
表格布局	界面布局	表格布局1	2行4列表格	列数	4
				宽度	充满
				行数	2
按钮	用户界面	按钮1	等待触摸	形状	椭圆
				显示文本	图1
				宽度	25%
按钮	用户界面	按钮2~按钮8	等待触摸	与按钮1一样（按钮6的形状为圆角）	
水平布局	界面布局	水平布局1	水平排列	水平对齐	居中
标签	用户界面	标签2	文字提示	粗体	☑
				字号	18
				显示文本	当前图片文件名：
				文本对齐	居左
				文本颜色	蓝色
标签	用户界面	图文件名	显示图文件名提示	字号	18
				显示文本	（空）
				文本颜色	蓝色

小提示 按钮形状有"默认""圆角""矩形"和"椭圆"4个选项。按钮6的形状是圆角，其余按钮的形状均为椭圆。

（4）组件改名

将"标签3"组件改名为"图文件名"，操作方法如下：

选择"标签3"组件，单击"改名"按钮，弹出"修改组件名称"对话框，在"新名称"文本框中输入"图文件名"，然后单击"确定"按钮即可，如图5-12所示。

图5-12 组件改名

（5）连接测试

初步测试一下界面效果，如图5-13所示。

（6）修改图片组件参数设置

在组件设计时，"图片 1"组件的"图片"属性值设为了"1.jpg"，如图 5-14 所示。现将"图片 1"组件的"图片"属性值改为"无"，修改后如图 5-15 所示。通过屏幕初始化设置也可实现图 5-13 所示的效果。

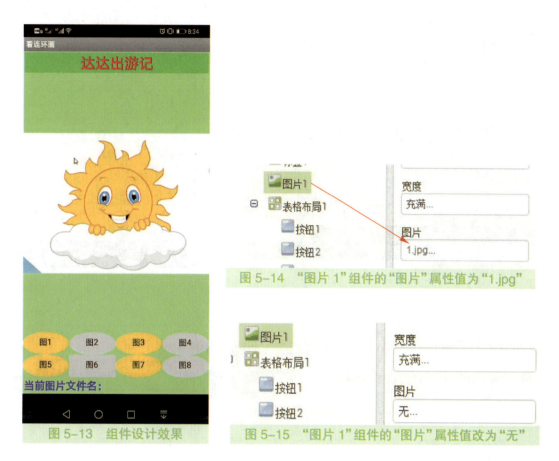

图 5-14 "图片 1"组件的"图片"属性值为"1.jpg"

图 5-15 "图片 1"组件的"图片"属性值改为"无"

图 5-13 组件设计效果

4. 逻辑设计

（1）屏幕初始化

① 如果在组件设计时没有为"图片"组件的"图片"属性设置文件名，可在屏幕初始化时为"图片"组件的"图片"属性赋值，即图片文件名。通过屏幕初始化也可得到图 5-13 所示的效果，代码如图 5-16 所示。

②显示文件名。为了在标签名为"图文件名"的标签中显示当前图片的文件名，可将"图片 1"组件的"图片"属性值，即图片文件名，赋给"标签"组件的"显示文件"属性。如图 5-17 所示。此时屏幕初始化的完整代码如图 5-18 所示。测试结果如图 5-19 所示。

小提示 通过屏幕初始化设置可实现与组件设计相同的效果。

（2）设置按钮事件

单击不同的按钮应该显示不同的图片，从而实现观看连环画的功能。下面以"按钮 1"为

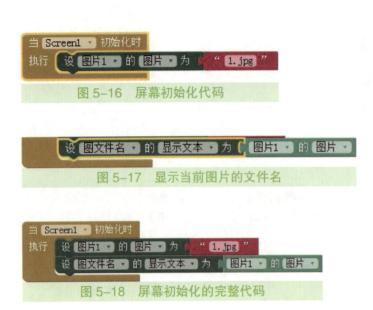

图 5-16 屏幕初始化代码

图 5-17 显示当前图片的文件名

图 5-18 屏幕初始化的完整代码

图 5-19 屏幕初始化效果

例,来说明如何实现图片切换功能,并在"图文件名"标签中显示图片文件名。代码如图 5-20所示。

图 5-20 "按钮 1"的代码

5. 连接测试

通过"AI 伴侣"App 将程序与安卓设备连接,测试效果如图 5-19 所示。

6. 大显身手

模仿"按钮 1"的代码,编写"按钮 2"~"按钮 8"的代码。

完整的代码如图 5-21 所示。

(二)晋级阶段

将 8 张连环画制作成画册,通过两个按钮实现翻页效果。用两个按钮实现任意数量的图片浏览功能,关键是实现边界控制,因此,需要引入判断语句,以判断翻页时是否到达边界。在这个 App 中,当用户单击"下一页"按钮时,如果变量 i 小于 8,可从前往后翻页;当变量 i 等于8 时,隐藏"下一页"按钮;同理,当用户单击"上一页"按钮时,如变量 i 不等于 1,从后往前翻页;当变量 i 等于 1 时,隐藏"上一页"按钮。每切换一张图片,在标签上显示对应的文件名。

当 Screen1 初始化时
执行　设 图片1 的 图片 为　" 1.jpg "
　　　设 图文件名 的 显示文本 为　图片1 的 图片

当 按钮1 被点击时
执行　设 图片1 的 图片 为　" 1.jpg "
　　　设 图文件名 的 显示文本 为　图片1 的 图片

当 按钮5 被点击时
执行　设 图片1 的 图片 为　" 5.jpg "
　　　设 图文件名 的 显示文本 为　图片1 的 图片

当 按钮2 被点击时
执行　设 图片1 的 图片 为　" 2.jpg "
　　　设 图文件名 的 显示文本 为　图片1 的 图片

当 按钮6 被点击时
执行　设 图片1 的 图片 为　" 6.jpg "
　　　设 图文件名 的 显示文本 为　图片1 的 图片

当 按钮3 被点击时
执行　设 图片1 的 图片 为　" 3.jpg "
　　　设 图文件名 的 显示文本 为　图片1 的 图片

当 按钮7 被点击时
执行　设 图片1 的 图片 为　" 7.jpg "
　　　设 图文件名 的 显示文本 为　图片1 的 图片

当 按钮4 被点击时
执行　设 图片1 的 图片 为　" 4.jpg "
　　　设 图文件名 的 显示文本 为　图片1 的 图片

当 按钮8 被点击时
执行　设 图片1 的 图片 为　" 8.jpg "
　　　设 图文件名 的 显示文本 为　图片1 的 图片

图 5-21　完整的代码

1. 设计流程图

具有翻页功能的"看连环画"App 的流程图如图 5-22 所示。

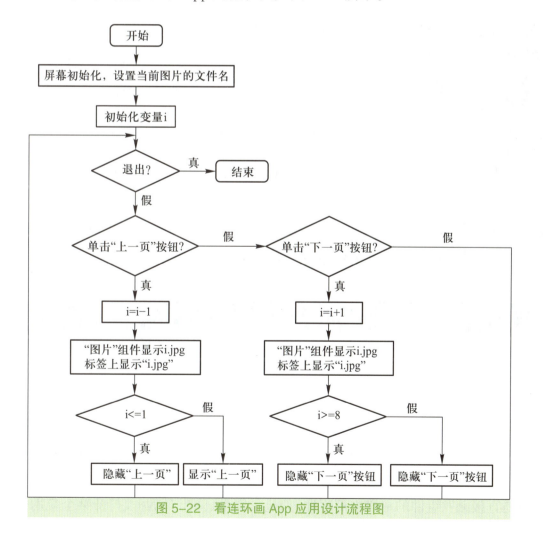

图 5-22　看连环画 App 应用设计流程图

2. 组件介绍

(1) 变量

变量实际是计算机内存中的一块存储空间,用来存储计算结果或表示值,它是指在程序运行时随时可能发生变化的数据。在 App Inventor 中,变量遵循先声明后引用的原则,声明后的变量才可以通过"取"模块调用。变量名最好以英文字母或下划线开头,不能以数字开头,也可以用中文。App Inventor 中的变量类型有数字型、字符型、列表型和逻辑型。变量包括全局变量和局部变量。全局变量在整个 App 中都可以调用,而局部变量只能在事件模块中调用。代码块中的内置块"变量"的积木如表 5-6 所示。

★ 表 5-6 　内置块"变量"的积木 ★

积木	作用
初始化全局变量 我的变量 为	定义全局变量"我的变量"并设置初值
取	取某变量的值
设 为	设置某变量的值为……
声明局部变量 我的变量 为 作用范围	声明局部变量"我的变量"为……它的作用范围为……单击小齿轮按钮,弹出参数对话框
声明局部变量 我的变量 为 作用范围	取局部变量"我的变量"的值,它的作用范围为……

(2) 属性

属性用来设置组件的大小、颜色、位置、外观等参数。属性积木用绿色表示。

(3) 事件

事件是用来连接不同积木的程序动作,如按钮的单击、长按等,当单击按钮时就运行某段程序。事件积木用棕色表示。App Inventor 支持的事件类型如表 5-7 所示。

★ 表 5-7 　事件类型 ★

事件类型	示例
用户发起的事件	当用户单击按钮时执行的事件
初始化事件	当应用启动时执行的事件
计时器事件	当时间到时执行的事件
动画事件	当两个物体碰撞时执行的事件
外部事件	当手机收到短信时执行的事件

(4) 方法

方法是直接触发组件的一段内部程序,如显示键盘、弹出对话框、打开某个应用等,不是所有的组件都有方法。方法不能单独使用,必须在事件模块中才能激活,方法积木用紫色来表示,如图 5-23 所示为调用照相机的"拍照"方法。

(5) 条件控制

根据条件来控制程序的流程。App Inventor 使用简单的流程控制语句,例如,"如果……则……否则……"为条件控制语句。当满足"如果"条件时,执行"则"中的语句,否则执行"否则"中的语句,如图 5-24 所示。

图 5-23 调用照相机的"拍照"方法   图 5-24 条件控制语句

(6) 逻辑积木块

代码块的内置块"逻辑"的积木如表 5-8 所示。

★ 表 5-8 内置块"逻辑"的积木 ★

积木	类型	作用
真	赋值	赋值为"真"
假	赋值	赋值为"假"
非	取属性	取反
等于	取结果	比较两个表达式是否相等,相等时结果为"真",不相等时结果为"假"
并且	取结果	两个表达式同时成立时结果为"真",否则为"假"
或者	取结果	两个表达式中的一个成立时结果即为"真",否则为"假"

(7) 控制积木块

代码块中的内置块"控制"的积木如表 5-9 所示。

★ 表 5-9 内置块"控制"的积木 ★

积木	类型	作用
如果 则	条件判断	条件语句,测试指定条件,若为真则执行相关语句,否则跳过。单击小齿轮按钮,可增加"否则"或"否则,如果"积木

积木	类型	作用
只要满足条件 就循环执行	条件判断	条件为真时，循环执行相关语句
如果 则 否则	返回条件判断的结果	条件为真时，返回"则"语句的结果；条件为假时，返回"否则"语句的结果
针对从 1 到 5 且增量为 1 的每个 数 执行	For 循环	默认初值为1、终值为5、增量（或步长）为1，指定变量在范围内就执行（循环体内）的语句
针对列表 中的每一 项 执行	循环控制	满足列表项就执行相关语句
打开屏幕 并传递初始值	打开屏幕并传值控制	启动应用或打开新屏幕时向屏幕传递初始值
执行 并输出结果	执行并返回结果	执行区域中的代码块并返回一条语句
求值但不返回结果		执行相关代码块但不返回执行结果
打开屏幕	打开屏幕	打开指定的屏幕
屏幕初始值	获取初始值	屏幕被打开时获取初始值
关闭当前屏幕	关闭屏幕	关闭当前屏幕
关闭屏幕并返回值	关闭屏幕并返回值	关闭当前屏幕并返回值给调用者
退出程序	退出程序	关闭所有屏幕并终止程序运行
屏幕初始文本值	获取初始文本值	屏幕被其他应用启动时获取传入的文本值，如果调用没有传入内容，则返回空文本值
关闭屏幕并返回文本值	关闭屏幕并返回文本值	关闭当前屏幕并返回文本值给调用者

3. 组件设计

将"表格布局"组件改为"水平布局"组件。

① 添加一个"水平布局"组件，即"水平布局2"。将表格中的两个按钮拖到"水平布局2"

组件中,修改"水平布局2"组件的属性,其中,"水平对齐"为"居中:3","背景颜色"为定制的绿色,"宽度"为"充满"。

② 选择"表格布局1"组件,单击右下角的"删除"按钮,表格及其中的按钮都被删除。

③ 修改按钮名称,将第一个按钮改名为"上一页",第二个按钮改名为"下一页",如图5-25所示。布局效果如图5-26所示。

图 5-25　修改组件名称

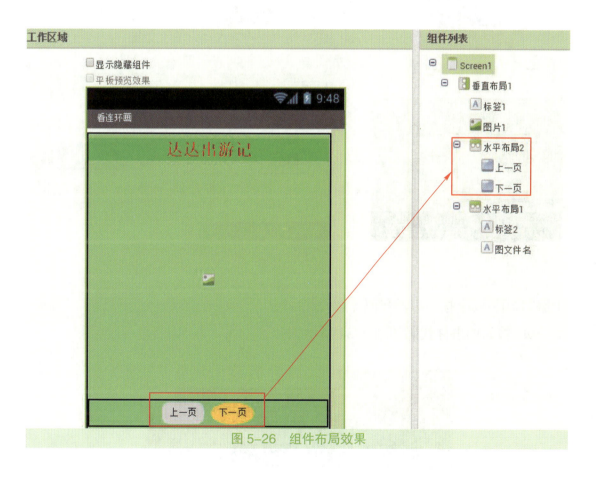

图 5-26　组件布局效果

4. 逻辑设计

连接测试效果如图5-27所示。只有两个按钮,单击"上一页"按钮可往前翻页,单击"下一页"按钮可往后翻页。下面将实现翻页的边界控制。

（1）定义全局变量

切换到"编程"界面，在"代码块"面板中，单击"内置块"中的"变量"块，选择"声明全局变量'我的变量'为"积木，将其拖入"工作区域"面板中，单击"我的变量"字样，出现闪闪光标时输入"i"，如图 5-28 所示；单击"内置块"中的"数学"块，将"0"积木拖入"工作区域"面板，如图 5-29 所示，并输入"1"，如图 5-30 所示。

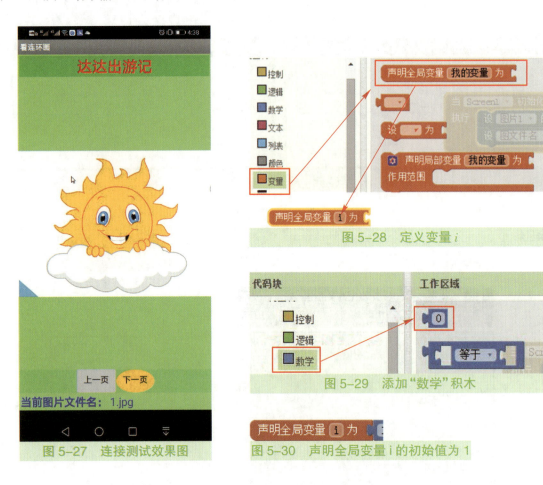

图 5-27　连接测试效果图

图 5-28　定义变量 i

图 5-29　添加"数学"积木

图 5-30　声明全局变量 i 的初始值为 1

（2）编写"下一页"按钮事件代码

"下一页"按钮的事件代码如图 5-31 所示。

图 5-31　"下一页"按钮事件代码

（3）边界控制

单击"内置块"中的"控制"块，将"如果……则……"积木拖到"工作区域"面板中，单击小齿轮按钮,弹出如图5-32所示的积木,将"否则"积木添加到"如果……则……"积木中。在"数学"块中选择"等于"积木,将其拖入"工作区域"面板中如图5-33所示。然后添加如图5-34、图5-35所示的积木。"下一页"按钮最终代码如图5-36所示。

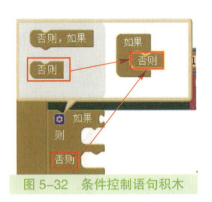

图5-32 条件控制语句积木

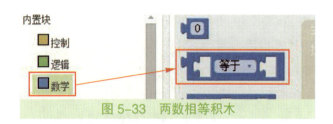

图5-33 两数相等积木

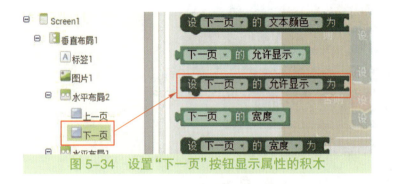

图5-34 设置"下一页"按钮显示属性的积木

图5-35 逻辑积木

图5-36 "下一页"按钮的最终代码

(4)"下一页"按钮的代码说明

① 单击"代码块"面板下方的"下一页"组件时,在"工作区域"面板中将显示"下一页"组件的所有事件和属性。选择"下一页被点击时"事件,全局变量 i 设置为加1,如图5-36的第1~2行所示。

② 单击"代码块"面板下方的"图片1"组件时,在"工作区域"面板中显示"图片1"的所

有属性,选择"设'图片1'的'图片'为"积木,单击"内置块"中的"文本"块,选择添加"拼字串"积木,然后添加"变量"块中的"global i"积木和"文本"块中的积木█████并输入".jpg",如图 5-36 的第 3~4 行所示。

③ 当翻到第 8 张图片时,"下一页"按钮将不可见;从"内置块"的"逻辑"块中选择"假"积木,即隐藏"下一页"按钮。同时"上一页"按钮的显示状态设置为"真",如图 5-36 的第 6、7、8 行所示;标签输出提示信息的代码如图 5-35 的第 5 行所示;隐藏后恢复显示的代码如图 5-36 的第 9 行所示。

(5) 大显身手

参照上面的说明完成"上一页"按钮的编程,其参考代码如图 5-37 所示。

图 5-37 "上一页"按钮参考代码

到现在为止,我们的程序已经拼接完毕。接下来是连接测试阶段。

5. 连接测试

通过"AI 伴侣"App 将程序与安卓手机连接,测试运行效果,如图 5-1 所示。

五、项目拓展

1. 优秀开发者需要对所开发的应用程序进行不断的完善。当用户连续单击"下一页"按钮翻到最后一页时,"下一页"按钮就消失了;同样往前翻到第一页时,"上一页"按钮也消失,请修改程序,当翻到最后一页或第一页时,"下一页"或"上一页"按钮仍然可见,但不可用。

2. 如果素材图片文件名为"01.jpg"~"08.jpg",应如何修改程序以实现相同的效果?

3. 如何实现向右摇手机就向下翻一页、向左摇动手机就向上翻一页的功能?

项目 6

涂鸦板

许多人在休闲时喜欢随意画画,即涂鸦,特别是爱好画画的人或者儿童,更是乐此不疲。本项目将设计一款"涂鸦板"App,供人们随时随地画画,让美好的作品从手指开始。

一、项目分析

通过开发"涂鸦板"App,掌握"画布"组件和"表格布局"组件的使用方法。

1. 入门阶段

入门阶段的"涂鸦板"App 提供修改画笔的粗细、颜色以及清除、保存画面的功能,效果如图 6-1(a)所示。用户单击 13 个颜色按钮,可改变画笔的颜色;单击"画线"按钮可以绘制实线,

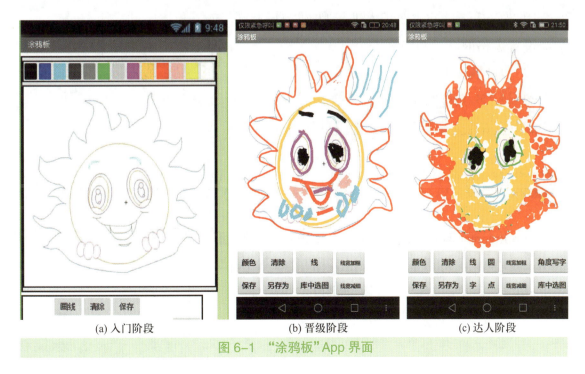

(a) 入门阶段　　　　　　　(b) 晋级阶段　　　　　　　(c) 达人阶段

图 6-1　"涂鸦板"App 界面

实线初始线宽为 3 像素;单击"清除"按钮可删除涂鸦板内的内容;单击"保存"按钮将绘制的画面保存在一个文件中。

2. 晋级阶段

在入门阶段 App 的基础上增加"颜色"按钮,它相当于一个颜色盒,其中包含 13 种颜色,绘画时隐藏颜色盒;单击"颜色"按钮时显示颜色盒,选择颜色后隐藏颜色盒。另外,还增加了以下几个按钮:"线宽加粗"按钮,用于递增线宽,即单击该按钮一次,线条宽度增加 1 像素;"线宽减细"按钮,用于递减线宽,即单击该按钮一次,线条宽度减少 1 像素;"库中选图"按钮,用于选择已有的作品,便于临摹;"另存为"按钮用于将当前作品换名保存。其界面效果如图6-1(b)所示。

3. 达人阶段

在晋级阶段 App 的基础上,增加了以下几个按钮:"圆"和"点"按钮分别用于绘制圆和小圆点组成的虚线;"字"和"角度写字"按钮分别用于在水平方向、倾斜方向绘制预先设置的文字。其界面效果如图 6-1(c)所示。

二、项目目标

① 会设置按钮的背景颜色,并将按钮的背景颜色设置为线条的颜色。
② 会设置"画布"组件属性。
③ 会用"画布"组件的主要积木进行逻辑设计。
④ 会设置表格的显示与隐藏。
⑤ 会编写画圆、画虚线事件。
⑥ 会编写写字、角度写字事件。
⑦ 会编写"图片选择器"组件的选图事件。

三、项目准备

运行 App Inventor 软件,单击菜单"项目"→"新建项目"命令,打开"新建项目"对话框,在"项目名称"文本框中输入"GraffitiBoard",然后单击"确定"按钮,如图 6-2 所示。

图 6-2　新建 GraffitiBoard 项目

四、项目实施

(一)入门阶段

构思 App 的功能：用手指可画线，提供 13 种颜色，通过单击色块来选择线的颜色；提供保存图片功能和清除画布功能。App 运行后的画线效果如图 6-3 所示。

1. 设计流程图

根据项目分析，设置 13 个颜色按钮、一个画线按钮、一个保存按钮和一个清除按钮，共 16 个按钮。程序中流程图如图 6-4 所示。

2. 组件介绍

"画布"组件的属性和积木如表 6-1、表 6-2 所示。

图 6-3　画线效果

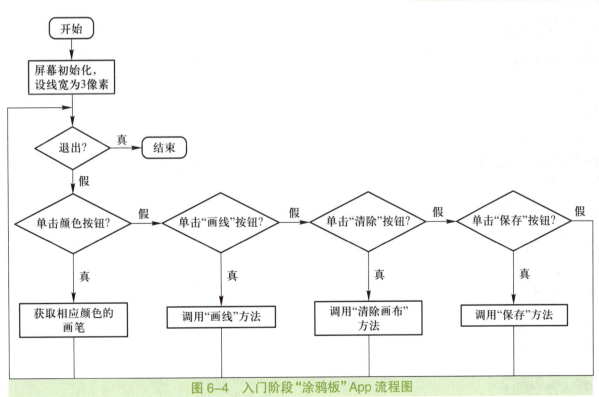

图 6-4　入门阶段"涂鸦板"App 流程图

属性名	作用
背景颜色	设置画布的背景颜色
背景图片	设置画布的背景图片
字号	设置绘制在画布上的文字大小
高度	设置画布的高度
宽度	设置画布的宽度
画笔线宽	设置在画布上画线时线的宽度
画笔颜色	设置在画布上画线时线的颜色
文本对齐	文本对齐方式有居左、居中、居右三种形式,选其中一种
允许显示	勾选此复选框时显示画布,否则隐藏画布

★ 表6-2 "画布"组件的积木 ★

积木	类型	作用
	事件	"被拖动时"事件:根据起点(第1点),邻点被拖曳到当前点时触发该事件。用邻点拖曳到当前点的方式来绘制连续直线;用起点到当前点方式来绘制1簇直线
		在画布上划过时触发该事件,根据起点、移动方向、速度来绘制线条
		被按压时触发该事件
		被释放时触发该事件
		画布被触碰时触发该事件
	方法	调用"清除画布"方法清除画布
	方法	调用"画圆"方法,需要给定圆心位置、半径和允许填色等参数
	方法	调用"画线"方法,需要给定第一点和第二点的坐标

积木	类型	作用
让 画布1 ▾ 画点 参数:x坐标 参数:y坐标	方法	调用"画点"方法,需要给定点的位置
让 画布1 ▾ 写字 参数:文本 参数:x坐标 参数:y坐标	方法	调用"写字"方法,需要给定文本和点的位置
让 画布1 ▾ 沿角度写字 参数:文本 参数:x坐标 参数:y坐标 参数:角度	方法	调用"沿角度写字"方法,需要给定文本、点的位置和角度参数
让 画布1 ▾ 取背景单点色值 参数:x坐标 参数:y坐标	方法	返回画布上某个点的背景颜色值,需要给定点的位置
让 画布1 ▾ 取单点色值 参数:x坐标 参数:y坐标	方法	返回画布上某个点的颜色值,需要给定点的位置
让 画布1 ▾ 保存	方法	返回保存路径及文件名
让 画布1 ▾ 另存 参数:文件名	方法	返回文件名
让 画布1 ▾ 设背景单点色值 参数:x坐标 参数:y坐标 参数:颜色	方法	调用方法设置背景上某点的颜色值
设 画布1 ▾ . 背景颜色 ▾ 为 ✓ 背景颜色 背景图片 字号 高度 线宽 画笔颜色 显示状态 宽度	赋值	设置画布的背景颜色、背景图片、字号、高度、线宽、画笔颜色、显示状态、宽度等属性
画布1 ▾ . 背景颜色 ▾ ✓ 背景颜色 背景图片 字号 高度 线宽 画笔颜色 显示状态 宽度	返回值	返回画布的背景颜色、背景图片、字号、高度、线宽、画笔颜色、显示状态、宽度等属性

3. 组件设计

需要设计的组件主要有按钮、画布、表格布局、垂直布局、图片选择框等。页面的布局大致为上中下结构，使用垂直布局，上部为表格布局，1 行 13 列，分别放置 13 个颜色按钮，高度、宽度均设置为"自动"；在"绘图动画"面板中，选择"画布"组件并将其拖到中部（位置）；在下部添加一个"表格布局"组件。最后，按照表 6-3 所示在"属性面板"中设置相关属性。组件设计效果及组件列表如图 6-5 所示。

★ **表 6-3　组件属性设置** ★

组件	所属面板	命名	作用	属性名	属性值
Screen		Screen1	承载其他组件	标题	涂鸦板
垂直布局	界面布局	垂直布局 1	垂直排列	宽度	充满
表格布局	界面布局	表格布局 1	1 行 13 列表格	列数	13
				行数	1
按钮	用户界面	按钮 1 按钮 2 按钮 3 按钮 4 按钮 5 按钮 6 按钮 7 按钮 8 按钮 9 按钮 10 按钮 11 按钮 12 按钮 13	颜色值	背景颜色	默认（黑色） 蓝色 青色 深灰 灰色 绿色 浅灰 品红 橙色 红色 粉色 黄色 白色
				文本	（空）
画布	绘图动画	画布 1	画布	背景图片	2.jpg
				高度	70%
				宽度	充满
标签	界面布局	标签 1	保存文件名	允许显示	取消勾选 允许显示 ☐
表格布局	界面布局	表格布局 2	1 行 6 列表格	列数	6
				行数	1
按钮	用户界面	画线	画线工具	文本	画线
按钮	用户界面	保存	保存图片	文本	保存
按钮	用户界面	清除	清除画布	文本	清除

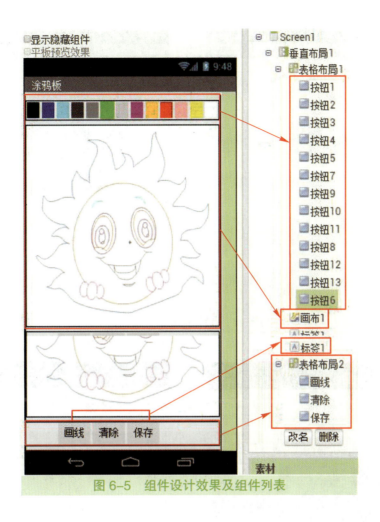

图 6-5　组件设计效果及组件列表

4. 逻辑设计

（1）初始化时设置线宽

应用启动初始化屏幕时设置画笔的线宽为 3 像素，如图 6-6 所示。线宽的取值范围为 1~255 像素。

（2）设置画笔颜色

单击颜色按钮时，设置画笔为相应的颜色，具体设置如图 6-7 所示。

图 6-6　屏幕初始化

图 6-7　设置画笔颜色

（3）编写"画线"事件代码

在画布上划动手指时，绘制实线，这可以通过"画布"组件的"被拖动时"事件实现。该事件需要三个点的位置参数，分别是起点（x,y）、邻点（x,y）和当前点（x,y）。画曲线时需要使用邻点和当前点的位置，效果如图 6-8 所示；画直线群时需要使用起点和当前点的位置，效果如图 6-9 所示。画曲线的代码如图 6-10 所示。

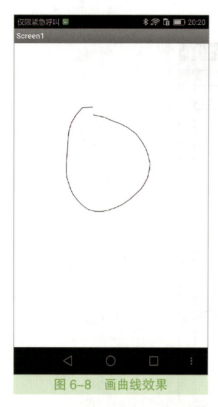
图 6-8　画曲线效果

图 6-9　画直线群效果

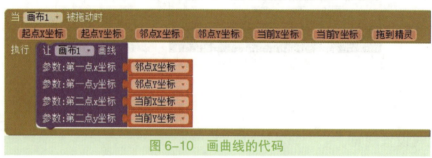
图 6-10　画曲线的代码

请读者参照上述方法，自行完成按钮 2~ 按钮 13 的代码。

（4）编写"清除"按钮的代码

单击"清除"按钮时，调用"画布"组件的"清除画布"方法，将当前画布内容删除。具体代码如图 6-11 所示。

（5）编写"保存"按钮的代码

单击"保存"按钮时，调用"画布"组件的"保存"方法，作品默认保存在手机 /storage/emulated/0/My Documents/Picture 路径下，并在标签 1 中显示文件名。其代码如图 6-12 所示。

图 6-11　"清除"按钮的代码

图 6-12　"保存"按钮的代码

5. 连接测试

代码编写完成后,通过"AI 伴侣"App 进行连接测试,效果如图 6-1(a)所示。用户可以选用自己喜欢的颜色,在画布上绘制曲线。

思考题 为什么没有编写"画线"按钮的代码呢?

(二) 晋级阶段

在入门阶段 App 的基础上增加"颜色""线宽加粗""线宽减细"和"库中选图"等按钮。下面重点介绍如何实现增加的功能。

1. 设计流程图

晋级阶段"涂鸦板"App 的流程图如图 6-13 所示。

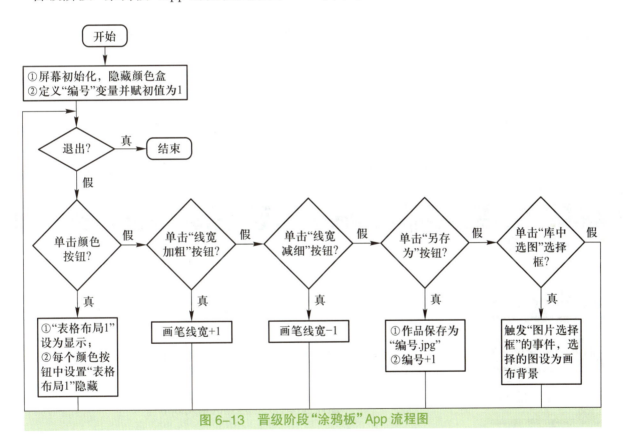

图 6-13 晋级阶段"涂鸦板"App 流程图

2. 组件介绍

"图片选择框"组件的属性和积木如表 6-4 和表 6-5 所示。

3. 组件设计

在原有组件的基础上增加如图 6-14 的组件,组件属性设置如表 6-6 所示。

属性名	作用
背景颜色	设置图片选择框的背景颜色
启用	设置用户触摸图片选择框时将触发的事件,否则触摸图片选择框时不触发事件
粗体	将图片选择框上的文本显示为粗体,否则不显示为粗体
斜体	将图片选择框上的文本显示为斜体,否则不显示为斜体
字号	设置图片选择框上文字的大小
字体	设置图片选择框上文字的字体
高度	设置图片选择框的高度
宽度	设置图片选择框的宽度
图片	设置图片选择框上所显示的图片
形状	设置图片选择框的外形,包括圆角、椭圆、矩形
显示互动效果	如果图片选择框被设置了背景颜色,启用此选项时,单击图片选择框时其颜色变浅;否则图片选择框的颜色不发生变化
显示文本	设置图片选择框上显示的文本内容
文本对齐	显示文本的对齐方式
文本颜色	设置图片选择框上显示的文本的颜色
允许显示	勾选此复选框时显示图片选择框,否则隐藏图片选择框

★ 表 6-5 "图片选择框"组件的积木 ★

积木	类型	作用
当 图片选择框 完成选择时 执行	事件	从图库中选取图片后触发该事件
当 图片选择框 准备选择时 执行		用户单击选取图片选择框后,在选择图片之前触发该事件
当 图片选择框 获得焦点时 执行		图片选择框获得焦点时触发该事件
当 图片选择框 失去焦点时 执行		图片选择框失去焦点时触发该事件
当 图片选择框 被按压时 执行		图片选择框被按下时触发该事件
当 图片选择框 被释放时 执行		图片选择框被松开时触发该事件
让 图片选择框 打开选框	方法	打开选框,以便选择图片

积木	类型	作用
设 图片选择框▼ 的 背景颜色▼ 为 ✓ 背景颜色 启用 粗体 斜体 字号 高度 高度百分比 图片 显示互动效果 显示文本 文本颜色 允许显示 宽度 宽度百分比	赋值	设置图片选择框的背景颜色、启用、粗体、斜体、字号、高度、高度百分比、图片、显示互动效果、显示文件、文本颜色、允许显示、宽度、宽度百分比等属性的值
图片选择框▼ 的 背景颜色▼ ✓ 背景颜色 启用 粗体 斜体 字号 高度 图片 选中项 显示互动效果 显示文本 文本颜色 允许显示 宽度	返回值	返回图片选择框的背景颜色、启用、粗体、斜体、字号、高度、图片、选中项、显示互动效果、显示文件、文本颜色、允许显示、宽度等属性的值

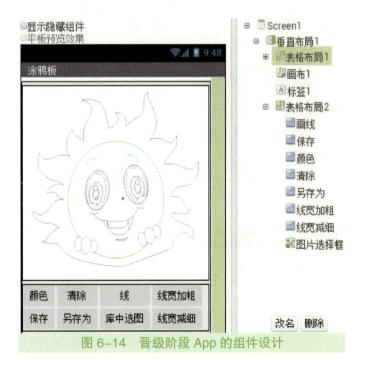

图 6-14 晋级阶段 App 的组件设计

★ **表 6-6 组件属性设置** ★

组件	所属面板	命名	作用	属性名	属性值
表格布局	界面布局	表格布局1	布局	允许显示	☐（取消勾选）
表格布局	界面布局	表格布局2	布局	列数	6
				宽度	充满
				行数	2
按钮	用户界面	颜色	显示颜色盒	文本	颜色
按钮	用户界面	线宽加粗	加粗	文本	线宽加粗
按钮	用户界面	线宽减细	变细	文本	线宽减细
按钮	用户界面	另存为	另存文件	文本	另存为
图片选择框	多媒体	图片选择框1	从图库中选择图片作为背景	文本	库中选图

4. 逻辑设计

（1）定义全局变量

定义一个名为"编号"的变量，用于保存文件名编号，初始值为 1，如图 6-15 所示。

（2）在屏幕初始化时隐藏颜色盒（"表格布局 1"组件）

除了将"表格布局 1"组件的"允许显示"属性取消勾选外，也可在启动屏幕时通过编程隐藏"表格布局 1"组件，如图 6-16 所示。

图 6-15 定义变量并初始化

图 6-16 隐藏颜色盒（"表格布局 1"组件）

（3）"颜色"按钮事件

单击"颜色"按钮，弹出颜色盒（"表格布局 1"组件），其代码如图 6-17 所示。

（4）颜色盒（"表格布局 1"组件）按钮事件

选择颜色盒中的颜色后将颜色盒（"表格布局 1"组件）隐藏。以黑色按钮为例，其代码如图 6-18 所示。以同样的方法编写按钮 2~ 按钮 13 的事件代码，如图 6-19 所示。

图 6-17 "颜色"按钮事件代码

图 6-18 单击黑色按钮隐藏表格布局 1 的积木块

（5）调整线条宽度

单击"线宽加粗"或"线宽减细"按钮时，将"画笔线宽"的值增加或减少 1 像素，具体设置如图 6-20 所示。

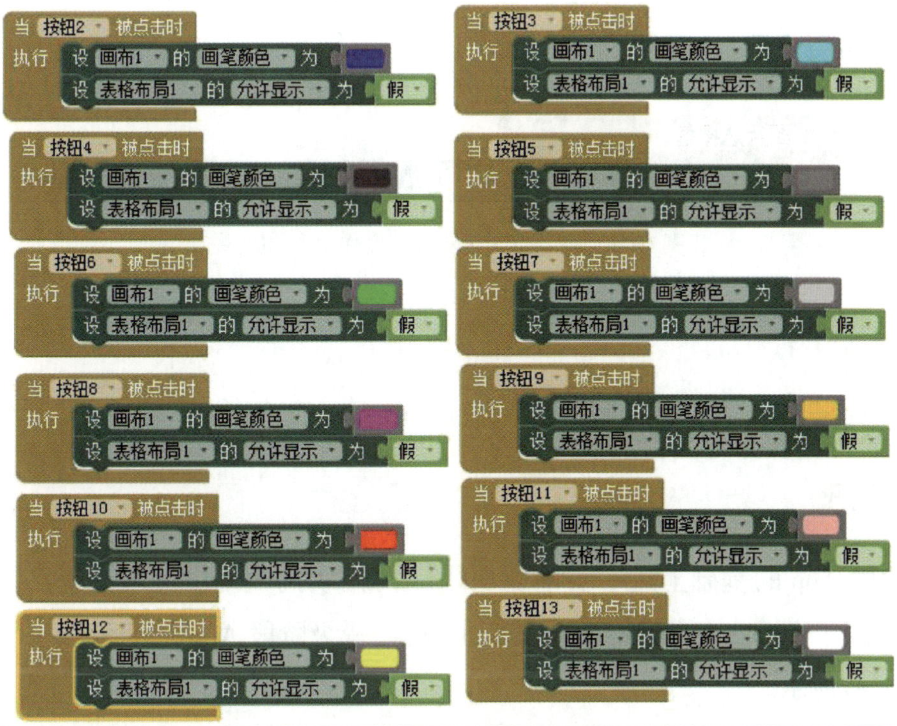

图 6-19　按钮 2~按钮 13 的事件代码

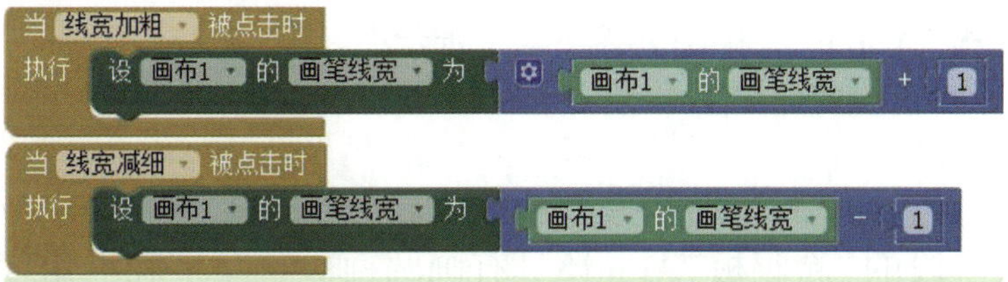

图 6-20　设置画笔线宽

（6）"另存为"按钮事件

将涂鸦的作品保存并设为画布的背景，如图 6-21 所示。"画布"组件的"另存"方法用于将画布上的内容以指定的文件名保存到设备的外部存储器中，文件扩展名为".jpg"".jpeg"或".png"。

图 6-21　另存为积木块

小提示　单击"另存为"按钮后，画布背景是涂鸦后的图片，这时，单击"清除"按钮，画布没变化，说明其背景已是涂鸦后的图片。

(7) 从图库选择图片作为背景

单击"库中选图"按钮后,将打开手机上的图库,可以选择图库中的照片为涂鸦板的背景,其代码如图 6-22 所示。

图 6-22　从图库中选择图片作为画布背景

5. 连接测试

通过"AI 伴侣"连接手机进行测试,效果如图 6-1(b)所示。

(三) 达人阶段

在晋级阶段 App 的基础上进一步增加功能,增加了用于绘制圆和点按钮以及用于写字的"字"和"角度写字"按钮。为了将绘画工具集中放置,晋级阶段 App 的部分按钮位置有所调整,效果如图 6-1(c)所示。

1. 设计流程图

达人阶段"涂鸦板"App 的流程图如图 6-23 所示。

2. 组件设计

除画线外,达人阶段的"涂鸦板"App 还具有画圆、画点、写字和沿角度写字的功能,因此,增加了 4 个按钮,组件布局如图 6-24 所示,组件属性设置如表 6-7 所示。

★　表 6-7　组件属性设置　★

组件	所属面板	命名	作用	属性名	属性值
按钮	用户界面	画圆	画圆	文本	圆
按钮	用户界面	写字	输入字	文本	字
按钮	用户界面	画点	画点工具	文本	点
按钮	用户界面	角度写字	沿角度写字	文本	角度写字

3. 逻辑设计

单击"编程"按钮,进行组件的逻辑设计,即编写代码。

(1) 定义全局变量

在入门阶段"涂鸦板"App 的基础上,除画线外增加画圆、画点、写字和沿角度写字的绘画

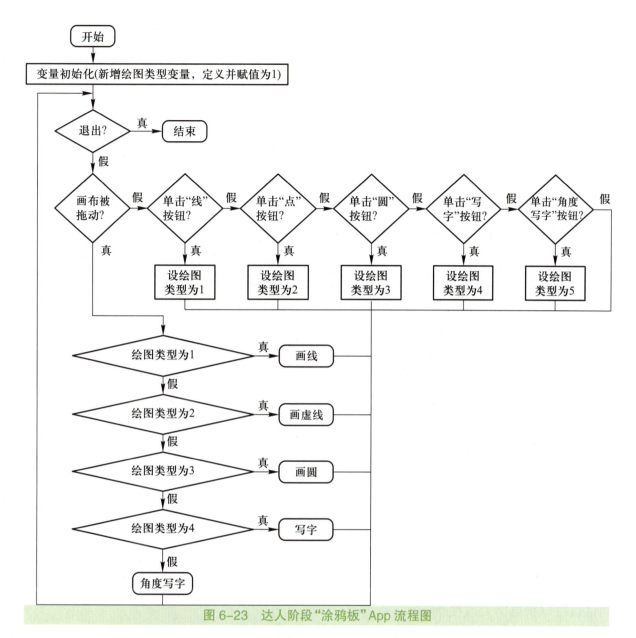

图 6-23　达人阶段"涂鸦板"App 流程图

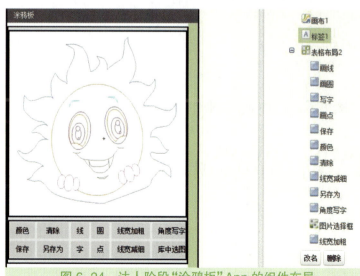

图 6-24　达人阶段"涂鸦板"App 的组件布局

工具,即能够绘制 5 种图形。我们定义一个名为"绘图类型"的变量,用于设置绘图类型,其初始值是 1。定义全局变量并设置初始值的代码如图 6-25 所示。

图 6-25　定义全局变量并设置初始值

(2) 设置绘图类型

设置绘图类型就是编写按钮的事件代码。绘图类型 1 为画线,2 为画点,3 为画圆,4 为写字,5 为沿角度写字。绘图工具按钮如图 6-26 所示。"线"按钮的事件代码如图 6-27 所示。其他 4 个按钮的事件代码如图 6-28 所示。

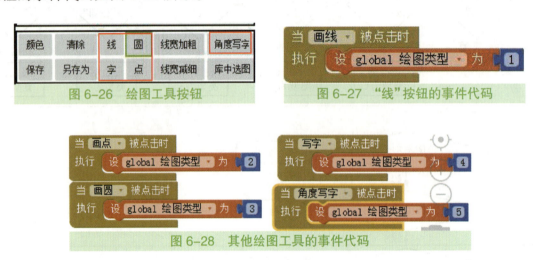

图 6-26　绘图工具按钮

图 6-27　"线"按钮的事件代码

图 6-28　其他绘图工具的事件代码

(3) 拖动画布事件

当在画布上划动手指时,判断绘图类型,绘图类型为 1 时画线,绘图类型为 2 时画点(虚线),绘图类型为 3 时画圆(圆的预设半径为 5 像素),绘图类型为 4 时写字(字的内容预设为"开心");否则为角度写字(预设斜角为 30°,预设的文字为"真开心"),逻辑关系如图 6-29 所示。当然,可以根据需要改变预设值。

至此,达人阶段"涂鸦板"App 的代码已经编写完毕,对积木式编程又加深了认识。接下来进行连接测试。

4. 连接测试

通过"AI 伴侣"连接手机进行测试,效果如图 6-1(c) 所示。

五、项目拓展 |||||||||||||||||||||||||||||||||||||||||||

调用照相机拍照后作为"涂鸦板"App 画布的背景。请完成相应的逻辑设计。

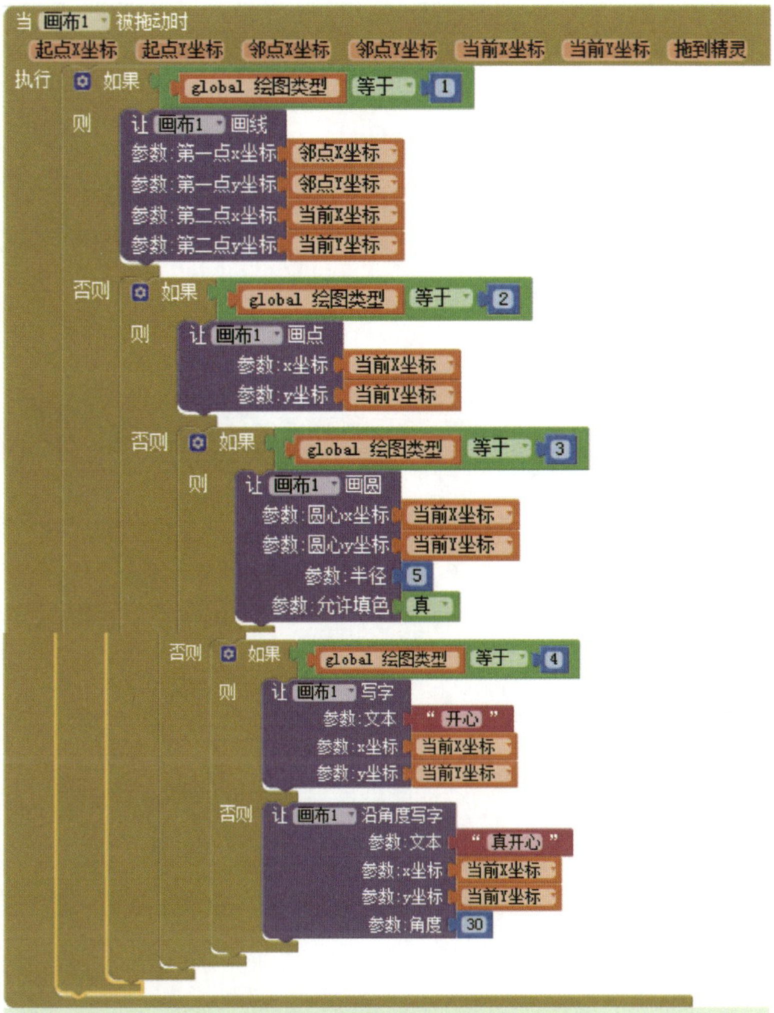

当 画布1 被拖动时
起点X坐标　起点Y坐标　邻点X坐标　邻点Y坐标　当前X坐标　当前Y坐标　拖到精灵

执行　如果　　global 绘图类型　等于　1
　　则　让 画布1 画线
　　　　参数:第一点x坐标　邻点X坐标
　　　　参数:第一点y坐标　邻点Y坐标
　　　　参数:第二点x坐标　当前X坐标
　　　　参数:第二点y坐标　当前Y坐标

　　否则　如果　global 绘图类型　等于　2
　　　　则　让 画布1 画点
　　　　　　参数:x坐标　当前X坐标
　　　　　　参数:y坐标　当前Y坐标

　　　　否则　如果　global 绘图类型　等于　3
　　　　　　则　让 画布1 画圆
　　　　　　　　参数:圆心x坐标　当前X坐标
　　　　　　　　参数:圆心y坐标　当前Y坐标
　　　　　　　　参数:半径　5
　　　　　　　　参数:允许填色　真

　　　　　　否则　如果　global 绘图类型　等于　4
　　　　　　　　则　让 画布1 写字
　　　　　　　　　　参数:文本　"开心"
　　　　　　　　　　参数:x坐标　当前X坐标
　　　　　　　　　　参数:y坐标　当前Y坐标

　　　　　　　　否则　让 画布1 沿角度写字
　　　　　　　　　　参数:文本　"真开心"
　　　　　　　　　　参数:x坐标　当前X坐标
　　　　　　　　　　参数:y坐标　当前Y坐标
　　　　　　　　　　参数:角度　30

图 6-29　拖动画布事件的逻辑设计

项目 7

求和

人们在日常生活中离不开数学,我们经常需要进行加、减、乘、除等数学运算。在本项目,我们将开发一个 App,通过它可以求任意两个数之间奇数的和,从中学习循环语句的功能和各参数的作用。

一、项目分析

在"求和"App 中,用户在两个文本输入框中分别输入一个整数,然后计算这两个数之间的奇数的和。这可以通过循环语句来完成,其中第一个数是循环的初值,第二个数是循环的终值,计算该区间内的奇数和。其运行界面如图 7-1 所示。

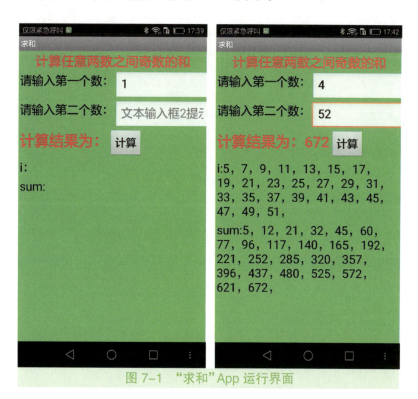

图 7-1 "求和"App 运行界面

二、项目目标

① 会使用"文本输入框"组件进行主要模块的逻辑设计。

② 会使用循环语句控制程序的流程。

③ 会进行模数运算。

三、项目准备

启动 App Inventor 软件，单击菜单"项目"→"新建项目"命令，打开"新建项目"对话框，在"项目名称"文本框中输入"summation"，如图 7-2 所示，然后单击"确定"按钮。

图 7-2　新建 summation 项目

四、项目实施

（一）入门阶段

先构建一个具有简单求和功能的 App，将第一个文本框的默认值设置为 1，第二个文本框的默认值设置为 10，单击"计算"按钮，计算 1~10 的累加和。这可以通过循环语句来完成。

1. 设计流程图

入门阶段"求和" App 的流程图如图 7-3 所示。

2. 组件介绍

"求和" App 的关键是循环语句。在内置块"控制"中的"针对从 1 到 5 且增量为 1 的每个数"等积木即为循环语句，具体说明如表 7-1 所示。

3. 组件设计

需要进行设计的组件主要有两个标签和一个按钮。组件设计效果如图 7-4 所示，各组件的属性设置如表 7-2 所示。

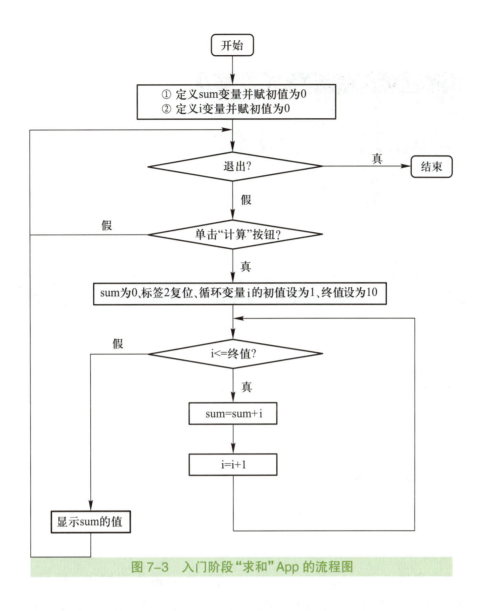

图 7-3　入门阶段"求和"App 的流程图

★ 表 7-1　循环语句积木 ★

积木	类型	作用
针对从 ① 到 ⑤ 且增量为 ① 的每个 数　执行	控制	默认从（初值）为 1、到（终值）为 5、且增量（步长）为 1 的每个数（变量）的循环语句。初值、终值、增量和变量均可以修改
针对列表 ▯ 中的每一 项　执行	控制	用于列表变量，对列表中每一项执行循环
只要满足条件 就循环执行	控制	满足条件就执行循环，循环体内设置循环变量递增或递减

图 7-4　组件设计效果

★ 表 7-2　组件属性设置 ★

组件	所属面板	命名	作用	属性名	属性值
Screen		Screen1	承载其他组件	标题	求和
				背景颜色	绿色
标签	用户界面	标签 1	显示标题	字号	22
				显示文本	求从 1 累加到 10 的值？
				文本颜色	红色
按钮	用户界面	按钮 1	计算	显示文本	计算
标签	用户界面	标签 2	显示结果	字号	22
				显示文本	计算结果为：
				文本颜色	红色

4. 逻辑设计

首先定义两个变量, i 和 sum, 其中 i 为 1~10 的整数, sum 为累加和。根据要求（计算 1~10 的累加和）可知, i 的初值为 1, 终值为 10, 步长（增量）为 1。每次循环将累加变量 sum=sum+i, 直到循环终止, 输出 sum 的值。一个标签输出文字和计算结果, 可使用"文本"块的"拼字串"积木实现。此时, 如果再次单击"计算"按钮, sum 变量将清 0 并重新计算。逻辑设计如图 7-5 所示。

图 7-5　入门阶段"求和"App 的逻辑设计

5. 连接测试

通过"AI伴侣"连接手机进行测试,结果如图7-6所示。

图7-6 连接测试结果

(二) 晋级阶段

在理解循环语句中初值、终值、增量(步长)和变量之间关系的基础上,在循环体中增加变量 i 和 sum,并输出 i 和 sum 的中间值,从而进一步理解循环语句的原理与作用。

1. 组件设计

在入门阶段"求和"App 的基础上增加两个标签,修改"显示文本"属性,如表7-3所示,组件设计效果如图7-7所示。

★ **表7-3 新增标签的属性设置** ★

组件	所属面板	命名	作用	属性名	属性值
标签	用户界面	标签3	显示 i	显示文本	i:
标签	用户界面	标签4	显示 sum	显示文本	sum:

图7-7 晋级阶段"求和"App 的组件设计

2. 逻辑设计

在按钮1的代码中增加图7-8所示的代码,实现在循环体中输出 i 和 sum 的值并将标签3、标签4的功能复位。

3. 连接测试

通过"AI伴侣"连接手机进行测试,结果如图7-9所示。可以清晰地看到,程序循环了10次以及每次循环变量 i、sum 的变化过程。

可见,循环次数与 i 和 sum 的关系如表7-4所示,每次循环 sum=sum+i,表中线段两个数

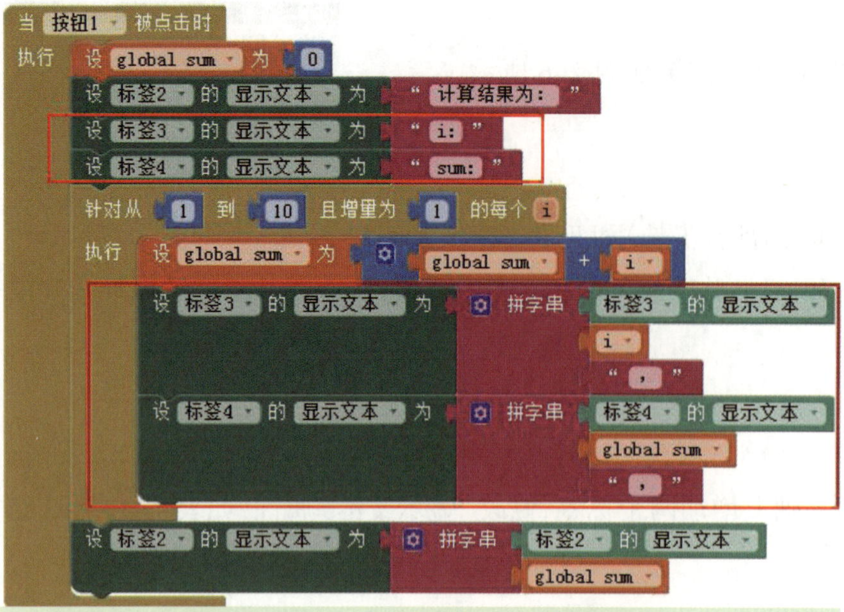

图 7-8　晋级阶段"求和"App 的逻辑设计

图 7-9　晋级阶段"求和"
App 的测试结果

相加等于箭头的值,循环结束,输出最终 sum 的值。

★ 表 7-4　循环次数与变量 i 和 sum 的关系表 ★

循环次数	1	2	3	4	5	6	7	8	9	10
i	1	2	3	4	5	6	7	8	9	10
sum	1	3	6	10	15	21	28	36	45	55

可以看到,每一次循环后,变量 sum 的值为变量 i 的当前值与上一次循环结束时变量 sum 值之和。

(三) 达人阶段

1. 设计流程图

根据项目功能分析,设计两个文本输入框、7 个标签、一个按钮。"数 1"文本输入框的默认值为 1,也可由用户输入;"数 2"文本输入框没有默认值,必须由用户输入。单击"计算"按钮,输出 i 的值与对应的奇数和,即变量 sum 的值。程序的流程图如图 7-10 所示。

2. 组件介绍

(1)"文本输入框"组件

"文本输入框"组件的属性和积木如表 7-5 和表 7-6 所示。

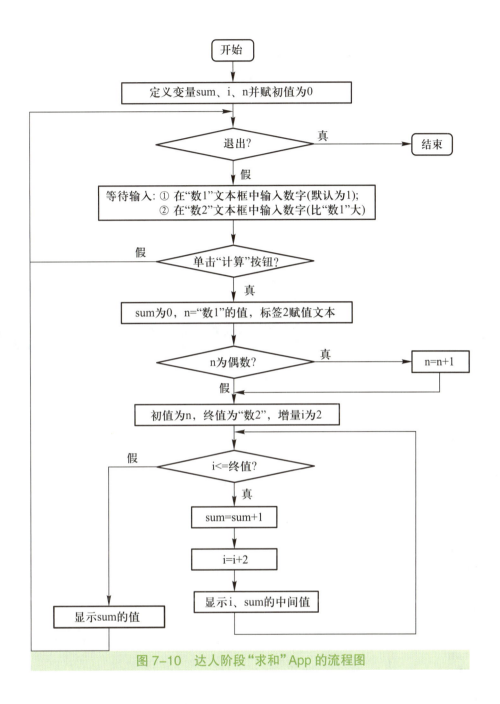

图 7-10 达人阶段"求和"App 的流程图

★ 表 7-5 "文本输入框"组件的属性 ★

属性名	作用
背景颜色	设置文本输入框的背景颜色
启用	勾选该复选框,允许用户在文本输入框输入文本,否则不能输入
粗体	勾选该复选框,则文本输入框中的文本加粗显示
斜体	勾选该复选框,则文本输入框中的文本倾斜显示
字号	设置文本输入框文本字体大小,数字越大,文字越大
字体	设置文本输入框中的文本字体
高度	设置文本输入框的高度

属性名	作用
宽度	设置文本输入框的宽度
提示	既没默认值又没输入值时文本输入框提示的内容,以浅色显示
允许多行	勾选该复选框,文本输入框中可输入多行内容
仅限数字	输入的内容只能是数字
显示文本	文本输入框显示的内容
文本对齐	文本对齐方式,可选"居左""居中"或"居右"
文本颜色	设置文本输入框中文本的颜色
允许显示	在屏幕上是否显示文本输入框

★ 表7-6 "文本输入框"组件的积木 ★

积木	类型	作用
当 数1 获得焦点时 执行	事件	在文本输入框内单击时触发该事件,可输入内容
当 数1 失去焦点时 执行		在文本输入框以外处单击时触发该事件
让 数1 隐藏键盘	方法	调用过程,隐藏键盘
让 数2 请求焦点		调用过程,请求焦点
设 数1 的 背景颜色 为 ✓背景颜色 启用 字号 高度 高度百分比 提示 允许多行 仅限数字 显示文本 文本颜色 允许显示 宽度	赋值	设置文本输入框的背景颜色、启用、字号、高度、高度百分比、提示、允许多行、仅限数字、显示文本、文本颜色、允许显示、宽度等属性
数1 的 启用 背景颜色 ✓启用 字号 高度 提示 允许多行 仅限数字 显示文本 文本颜色 允许显示	返回值	返回文本输入框的背景颜色、启用、字号、高度、提示、允许多行、仅限数字、显示文本、文本颜色、允许显示、宽度等属性

（2）关于模数

在内置块"数学"块中包含一个求两个数的模数、余数或商数的积木，表 7-7 所示。"数 1"除以"数 2"得出商数和余数，若余数为 0，说明可以整除。"数 1""数 2"、商数和余数都是整数。

★ 表7-7　取模运算积木 ★

积木	类型	作用
▢ 除 ▢ 的 模数 ▽ / 模数 / 余数 / 商数	数字	两整数相除，得到商数和余数

3. 组件设计

需要进行设计的组件主要有两个文本输入框、7 个标签和一个按钮。各组件的属性设置如表 7-8 所示。在晋级阶段"求和"App 的基础上进行修改，组件设计效果及组件列表如图 7-11 所示。

★ 表7-8　组件设计表 ★

组件	所属面板	命名	作用	属性名	属性值
Screen		Screen1	承载其他组件	标题	求和
垂直布局	界面布局	垂直布局1	垂直排列	宽度	充满
标签	用户界面	标签1	显示标题	字号	22
				宽度	充满
				显示文本	计算任意两数之间奇数的和
				文本对齐	居中
水平布局	界面布局	水平布局1	水平排列	水平对齐	居左
				宽度	充满
标签	用户界面	标签5	提示	字号	20
				文本	请输入第一个数：
文本输入框	用户界面	文本输入框1	输入	字号	20
				显示文本	1
				仅限数字	勾选
水平布局	界面布局	水平布局2	水平排列	水平对齐	居左
				宽度	充满
标签	用户界面	标签6	提示	字号	20
				文本	请输入第二个数：

组件	所属面板	命名	作用	属性名	属性值
文本输入框	用户界面	文本输入框 2	输入	字号	20
				提示	请输入数 2 的数字
				仅限数字	勾选
水平布局	界面布局	水平布局 3	水平排列	宽度	充满
标签	用户界面	标签 3	提示	字号	20
				宽度	100 像素
				显示文本	i:
标签	用户界面	标签 4	提示	字号	20
				宽度	100 像素
				显示文本	sum:
按钮	用户界面	按钮 1	计算	字号	18
				显示文本	计算
按钮	用户界面	标签 2	提示	显示文本	计算结果为:

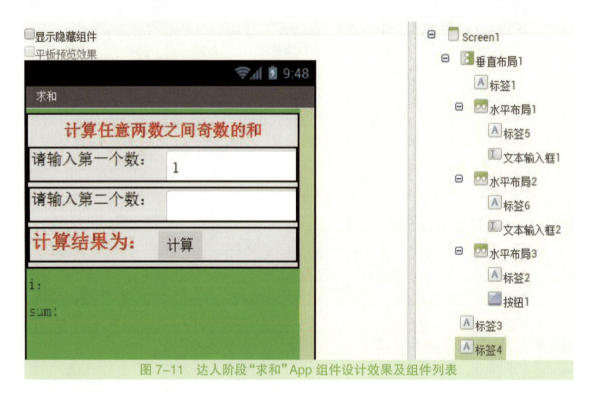

图 7-11 达人阶段"求和"App 组件设计效果及组件列表

4. 逻辑设计

（1）定义变量

定义 sum 变量并赋初值为 0，用于存储累加和；在循环体中，每循环一次，加上 i 的值，当循环体结束后,sum 存放的是最终结果。增加变量 n,变量定义与初始化如图 7-12 所示。

声明全局变量 n 为 0

图 7-12　变量 n 的定义与初始化

（2）编写按钮 1 的代码

在"数 1"的默认值为 1 的情况下,在图 7-8 所示代码的基础上,修改"从""到"和"增量"的值,如图 7-13 所示,原来数字"1"改为"global n",原来的数字"10"改为"文本输入框 2"组件的"显示文本"属性,增量由 1 改为 2。删除数字"1"和"10"的积木。

当 按钮1 被点击时
执行　设 global sum 为 0
　　设 标签3 的 显示文本 为 " i: "
　　设 标签4 的 显示文本 为 " sum: "
　　设 标签2 的 显示文本 为 " 计算结果为: "
　　设 global n 为 文本输入框1 的 显示文本　　[10]
　　1　计对从 global n 到 文本输入框2 的 显示文本 且增量为 2 的每个 i
　　执行　设 global sum 为 global sum + i

图 7-13　按钮 1 的逻辑设计

（3）连接测试

通过"AI 伴侣"连接手机进行测试,输入第二个数"50",然后单击"计算"按钮,可以看到结果是正确的,如图 7-14 所示。

（4）控制第一个数是奇数

若输入的第一个数不是奇数,结果就会出错。为解决这个问题,必须校验第一个数的奇偶性。处理方法是除 2,如果能被 2 整除,说明是偶数,将其加 1 变为奇数。在内置块"数学"块中找到求模数的积木,选择"余数",如图 7-15 所示,可根据余数是否为 0 来判断奇偶性。

（5）判断语句控制

在判断语句中,用"数 1"除以 2,若余数为 0,则将"数 1"加 1 后赋值给"数 1",代码如图 7-16 所示。

（6）"计算"按钮的最终逻辑设计

"计算"按钮的最终逻辑设计如图 7-17 所示。

图 7-14　测试结果

global n 除 2 的 余数

图 7-15　求模数积木

图 7-16　判断语句的代码

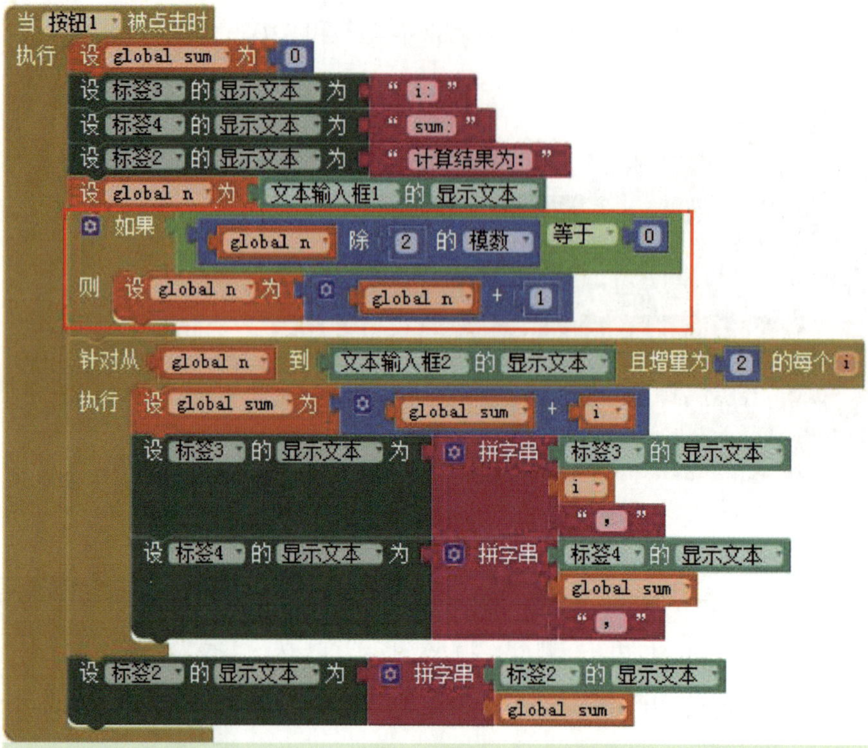

图 7-17　"计算"按钮的最终逻辑设计

5. 连接测试

通过"AI 伴侣"App 连接手机进行测试,用户输入两个数值,单击"计算"按钮,显示最终结果以及变量 i 和 sum 的中间值,如图 7-1 所示。

五、拓展知识

学习"数学"块的积木,包括 +、−、×、÷、次方、最小值、最大值、随机数、平方根、三角函数、绝对值等积木,如表 7-9 所示。

★ 表 7-9　"数学"块的积木 ★

积木	类型	作用
	数学	数值,可修改

积木	类型	作用
等于 ✓ 等于 　不等于 　小于 　小于等于 　大于 　大于等于	数学	关系表达式
+ － × ÷ 的 次方	数学	+、－、*、/、乘方算术运算符
1 到 100 之间的随机整数 设随机数种子为 随机小数	数学	生成随机数
最小值 ✓ 最小值 　最大值 平方根 ✓ 平方根 　绝对值 　负数值 　对数值 　e的乘方 　四舍五入 　就高取整 　就低取整	数学	数学函数

积木	类型	作用
正弦 ▼ ✓ 正弦 余弦 正切 反正弦 反余弦 反正切	数学	三角函数和反三角函数
将 由弧度转角度 ▼ ✓ 由弧度转角度 由角度转弧度	数学	弧度转换为角度； 角度转换为弧度
为数字 ▼ ✓ 为数字 为十进制数 为十六进制数 为二进制数	数学	选择数制
y x 的反正切值	数学	求反正切值
将 转为 位小数	数学	将数转换为若干位小数形式
将 十进制转十六进制 ▼ ✓ 十进制转十六进制 十六进制转十进制 十进制转二进制 二进制转十进制	数学	数制之间的转换

六、项目拓展

1. 求任意两个数之间偶数的和。
2. 求 10 的阶乘。

项目 8

听音乐

一、项目分析

通过开发"听音乐"App,学习制作一个个性化的播放器,并加入自己喜欢的音乐,效果如图8-1所示。

在"听音乐"这个App中,共有3首乐曲。单击"下一首"按钮,可跳转到下一首歌曲并切换对应的图片;单击"上一首"按钮,可跳转到上一首歌曲并切换到对应的图片;拖动音量控制条,可调节音量的大小。

图8-1 "听音乐"App界面

二、项目目标

① 掌握音频播放器的制作方法。

② 能理解条件语句和循环语句的含义及作用。

③ 会用"按钮""文本""图片"和"音频播放器"等组件进行组件设计和逻辑设计。

三、项目准备

1. 新建项目

单击窗口上部左侧的"新建项目"按钮,打开"新建项目"对话框,如图8-2所示,输入项目名称"ListenMusic",然后单击"确定"按钮。

图8-2 新建 ListenMusic 项目

2. 导入素材

本项目需要的素材包括3张背景图片、4个按钮图标，如图8-3所示；另外，还有3首乐曲。请将这些素材全部导入项目。

图 8-3　素材

四、项目实施

（一）入门阶段

首先，我们制作一个最简单的播放器，只有"播放音乐"和"停止音乐"两个按钮，其界面如图8-4所示。

在这个简单的应用中，用户单击"播放音乐"按钮，系统播放当前音乐，用户单击"停止音乐"按钮，系统停止当前音乐。

1. 设计流程图

用户单击"播放音乐"按钮，开始播放音乐；单击"停止音乐"按钮，停止播放音乐。程序流程图如图8-5所示。

2. 组件介绍

"听音乐"App的关键组件是"音频播放器"，它的两个常用积木如表8-1所示。

图 8-4　"听音乐"App 界面

★ 表8-1　"音频播放器"组件的常用积木 ★

积木	类型	作用
让 音频播放器1 开始	事件	启动播放器
让 音频播放器1 停止	事件	停止播放器

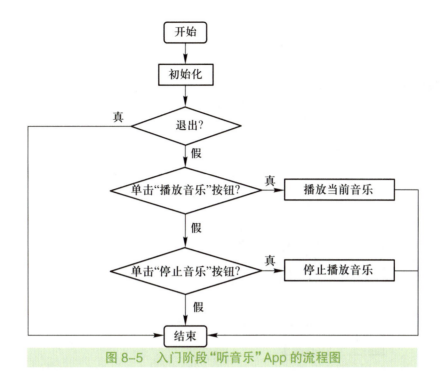

图 8-5 入门阶段"听音乐"App 的流程图

3. 组件设计

需要进行设计的组件主要有"图片""音频播放器"和"按钮",它们整体以垂直布局排列,图片、按钮以水平布局排列,按钮用于控制音乐的播放,音频播放器用于播放音乐。在"组件面板"中,找到相应的组件,并将其拖到"工作区域"面板中,然后按照如表 8-2 所示设置相关属性。组件设计效果如图 8-6 所示,组件列表如图 8-7 所示。

★ 表 8-2 组件属性设置 ★

组件	所属面板	命名	作用	属性名	属性值
Screen		Screen1	承载其他组件	标题	音频播放器
图片	用户界面	图像 1	显示图片	图片	bg1.jpg
				高度	自动
				宽度	自动
水平布局	界面布局	水平布局 1	水平排列	宽度	自动
				高度	自动
水平布局	界面布局	水平布局 2	水平排列	宽度	220 像素
按钮	用户界面	播放音乐	播放音乐	宽度	自动
				高度	自动
按钮	用户界面	停止音乐	停止音乐	宽度	自动
				高度	自动
音频播放器	多媒体	音频播放器	播放音频	源文件	1.mp3
				音量	20

说明:在此表格中没有设置的组件属性均采用默认设置。

图 8-6　组件设计效果

图 8-7　组件列表

4. 逻辑设计

单击右上角的"编程"按钮,进行程序的逻辑设计。

（1）程序初始化

程序启动时应先加载素材。所谓加载,是指程序在开始运行前,在启动过程中提前打开相关文件,这样可以避免程序找不到音乐而弹出错误代码。在这里,程序初始化就是加载第一首音乐及第一张图片,相关代码如图 8-8 所示。

图 8-8　加载素材

（2）播放控制

播放控制实现单击按钮时播放音乐或停止音乐,"音频播放器"组件已经有封装好的事件和方法,可以实现这些功能,我们只需要拼积木即可,如图 8-9、图 8-10 所示。

图 8-9　播放音乐

图 8-10　停止音乐

至此，一个简单的音乐播放器就制作完成了，完整的代码如图8-11所示。请读者自行进行连接测试。

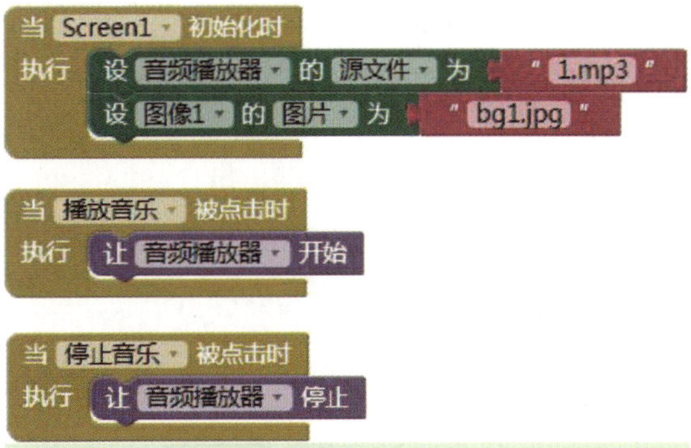

（二）晋级阶段

我们制作了一个简单的音乐播放器，但只能播放一首音乐。在此基础上，对程序进行修改，使其能够播放多首音乐。其界面效果如图8-12所示。在素材库中导入文件"2.mp3""3.mp3""bg2.jpg"和"bg3.jpg"。

用户单击"播放音乐1""播放音乐2"或"播放音乐3"按钮，系统播放对应的音乐；用户单击"停止音乐"按钮，系统停止播放当前音乐。

利用在入门阶段学习的播放一首音乐的方法，复制代码，然后修改源文件及图片的名字，实现播放第二首及第三首音乐的功能。参考代码如图8-13所示。

图 8-11 完整代码

图 8-12 "听音乐"App 界面

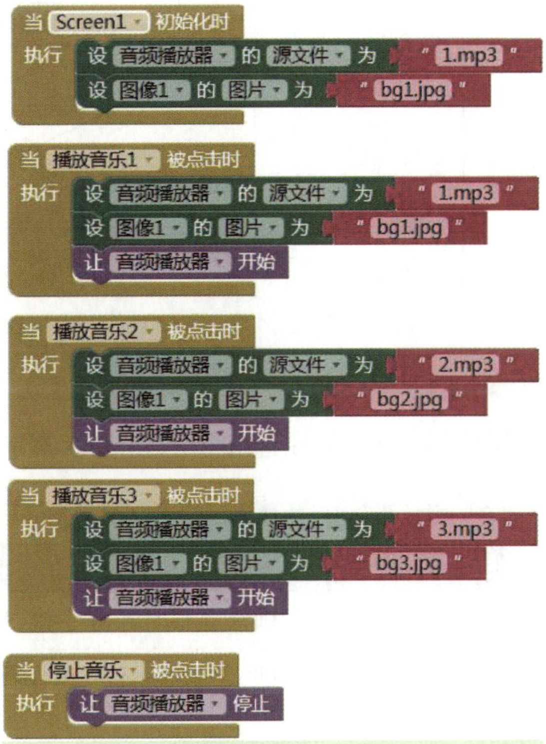

图 8-13 参考代码

（三）达人阶段

1. 设计流程图

用户单击"开始"按钮，在屏幕上显示图片并播放音乐；单击"下一首"按钮，跳转到下一首音乐,图片也换为另一张;单击"上一首"按钮,跳转到上一首音乐和对应的图片。当有3首乐曲时,程序的流程图如图8-14所示。当乐曲比较多时,只需修改变量j的值即可。

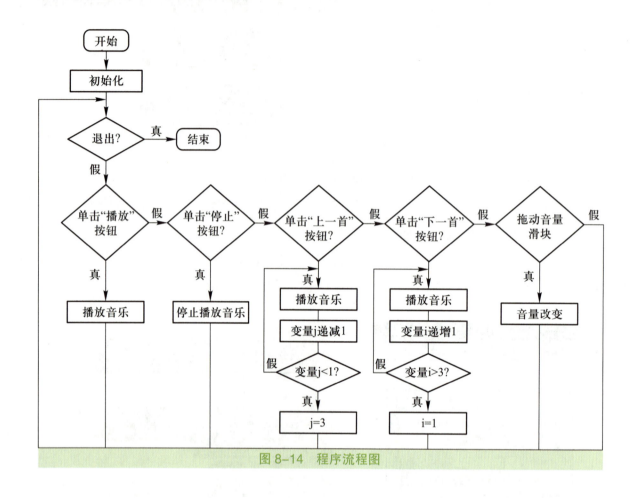

图8-14　程序流程图

2. 组件介绍

"音频播放器"组件的属性和积木如表8-3、表8-4所示。

★ **表8-3 "音频播放器"组件的属性** ★

属性名	作用
循环播放	选中此复选框时将循环播放当前乐曲,否则只播放一次
限前台播放	选中此复选框时,仅在前台播放,否则可以在后台播放
源文件	设置音频源文件
音量	调整播放音量

★ **表8-4 "音频播放器"组件的积木** ★

积木	类型	作用
当 音频播放器 ▾ 完成播放时 执行	事件	播放完成后事件

积木	类型	作用
当 音频播放器 被其他播放器启动时 执行	事件	其他播放器开始事件
当 音频播放器 发生错误时 消息 执行	事件	播放器发生错误时执行的操作
让 音频播放器 暂停	方法	播放器暂停
让 音频播放器 开始	方法	播放器开始
让 音频播放器 停止	方法	播放器结束
让 音频播放器 振动 参数:毫秒数	方法	手机震动
音频播放器 的 播放状态 音频播放器 的 循环播放 设 音频播放器 的 循环播放 为 音频播放器 的 限前台播放 设 音频播放器 的 限前台播放 为 音频播放器 的 源文件 设 音频播放器 的 源文件 为 设 音频播放器 的 音量 为	取属性值	获取音频播放器的播放状态、循环播放、是否只能在前台运行、播放器读取的源文件等属性的值
音频播放器	取对象	播放器的值

"数字滑动条"组件的属性和积木如表 8-5、表 8-6 所示。

★ 表 8-5　"数字滑动条"组件的属性 ★

属性名	作用
左侧颜色	设置滑动条左侧颜色
右侧颜色	设置滑动条右侧颜色
宽度	设置滑动条的宽度,可以是"自动""充满"或者输入的像素值
最大值	设置音量的最大值
最小值	设置音量的最小值
滑块位置	设置滑块的初始位置
显示状态	设置是否显示滑动条

积木	类型	作用
当 slider1 位置改变时 滑块位置 执行	事件	滑块位置改变时触发该事件
设 slider1 的 左侧颜色 为 ✓左侧颜色 / 右侧颜色 / 高度百分比 / 最大值 / 最小值 / 启用滑块 / 滑块位置 / 允许显示 / 宽度 / 宽度百分比	取属性值	获取滑块左侧颜色、右侧颜色、最大值、最小值、滑块位置、允许显示、宽度等属性的值
slider1	取对象	滑块位置

3. 组件设计

在入门阶段"听音乐"App 的基础上新增两个按钮,即"上一首"和"下一首"按钮,用于控制音乐的播放;新增的滑动条用于调节音量。另外,所有按钮都用图标表示。按照表 8-7 所示设置组件的属性。组件设计效果如图 8-15 所示,组件列表如图 8-16 所示。

★ 表 8-7 组件属性设置 ★

组件	所属面板	命名	作用	属性名	属性值
按钮	用户界面	begin	开始播放	图片	play.jpg
				宽度	50 像素
				高度	50 像素
按钮	用户界面	stop	停止播放	图片	stop.jpg
按钮	用户界面	btn_pre	播放上一首	图片	pre.jpg
按钮	用户界面	btn_next	播放下一首	图片	next.jpg
标签	用户界面	音量	显示音量	文本	音量
滑动条	用户界面	slider1	调节音量	最大值	100
				最小值	0
				滑块位置	20
				宽度	充满

说明:在此表格中没有设置的组件属性均采用默认设置。其余按钮图片的高度和宽度都是 50 像素。

图 8-15 组件设计效果　　　　　图 8-16 组件列表

4. 逻辑设计

（1）程序初始化

初始化时定义两个全局变量 i 和 j（如图 8-17 所示），用来保存当前用户播放的音乐的序号，初始值分别是 1 和 3。单击"下一首"按钮，变量 i 的初始值为 1，现在加 1 后，变量 i 的值为 2，开始播放第二首乐曲。单击"上一首"按钮，变量 j 的初始值为 3，现在减 1 后，变量 j 的值为 2，从播放第三首跳入第二首。

程序初始化时加载第一首乐曲及第一张图片，代码如图 8-18 所示。

图 8-17 初始化变量　　　　　图 8-18 加载素材

（2）播放控制

利用"音频播放器"组件的事件和方法，可以实现播放控制，如图 8-19 所示。

（3）音量调节

使用"数字滑动条"组件，将滑动条的滑块位置与音频播放器的音量关联起来，即可实现

图 8-19　播放控制

音量调节功能,如图 8-20 所示。

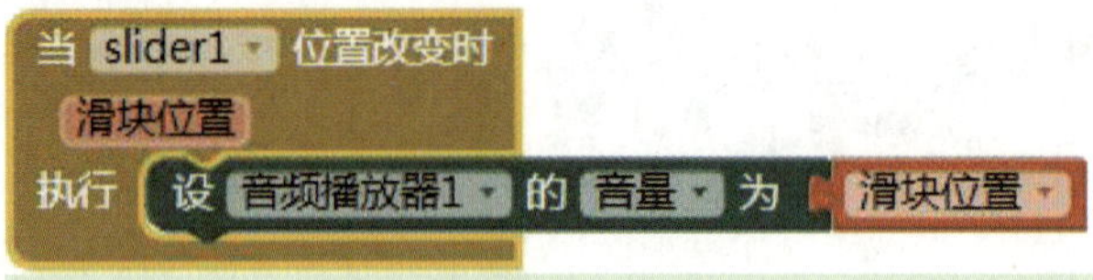

图 8-20　音量调节

(4) 按钮控制

1) 编写"下一首"按钮的代码

在这里我们使用条件语句定义了一个过程:nextMusic。过程 nextMusic 表示把播放下一首乐曲的指令进行包装,每次调用过程 nextMusic,程序播放下一首乐曲。每次循环,变量 i 递增 1,如果变量 i 大于 3,则将变量 i 重新赋值为 1,如图 8-21 所示。详细解释见表 8-8。

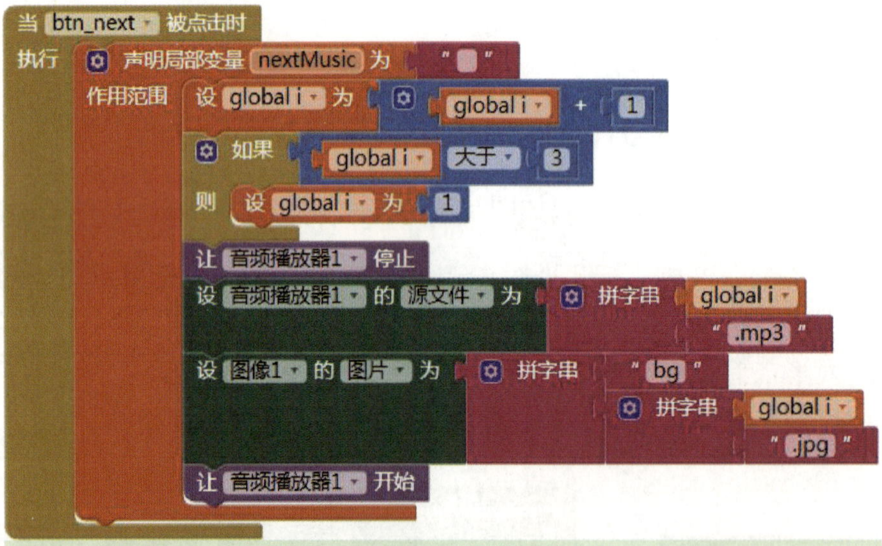

图 8-21　"下一首"按钮的代码

2) 编写"上一首"按钮的代码

在这里我们使用条件语句定义了一个过程 preMusic;过程 preMusic 封装了播放上一首音乐的所有指令,每次调用过程 preMusic,程序播放上一首歌曲。每次循环,变量 j 递减 1,如果变量 j 小于 1,则将变量 j 重新赋值为 3,如图 8-22 所示。详细解释见表 8-9。

★ 表8-8　行为讲解 ★

行为	讲解
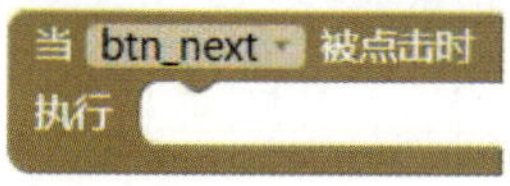 当 btn_next 被点击时 执行	当按钮被点击时执行相关代码
 声明局部变量 nextMusic 为 " " 作用范围	声明局部变量:nextMusic
 设 global j 为 global j - 1	每次循环,变量i递增1
 如果 global i 大于 3 则 设 global i 为 1	如果变量i大于3,变量i重新赋值为1
 让 音频播放器1 停止	音乐播放器停止
 设 音频播放器1 的 源文件 为 拼字串 global i ".mp3"	当前播放音乐的源文件根据i的值进行变化
 设 图像1 的 图片 为 拼字串 "bg" 拼字串 global i ".jpg"	当前显示的图片根据i的值进行变化
 让 音频播放器1 开始	播放当前音乐

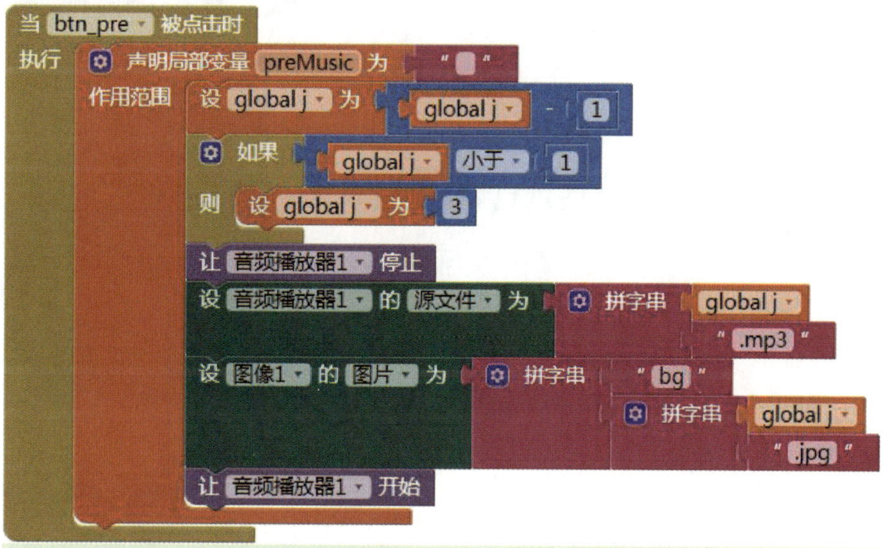

图 8-22　"上一首"按钮的代码

行为	讲解
当 btn_pre 被点击时 执行	当按钮被点击时执行相关代码
声明局部变量 preMusic 为 "" 作用范围	声明局部变量 preMusic
设 global i 为 global i + 1	每次循环,变量 j 递减 1
如果 global j 小于 1 则 设 global j 为 3	如果变量 j 小于 1,变量 j 重新赋值为 3
让 音频播放器1 停止	音乐播放器停止
设 音频播放器1 的 源文件 为 拼字串 global j ".mp3"	当前播放音乐的源文件根据 j 的值进行变化
设 图像1 . 图片 为 合并文本 "bg" 合并文本 取 global j ".jpg"	当前显示的图片根据 j 的值进行变化
让 音频播放器1 开始	播放当前音乐

至此,"听音乐"程序已经编写完毕,接下来进行连接测试。

5. 连接测试

通过"AI 伴侣"App 将程序与手机进行连接,测试程序运行效果。

五、项目拓展

现在,应用程序已经开发完成,可以随时运行它或分享给朋友,不过它的功能还有些欠缺。例如,可以通过设置"音频播放器"组件的属性使音乐循环播放。还可以设置随机数,使音乐随机播放。

随机播放的"听音乐"程序界面如图 8-23 所示,参考代码如图 8-24 所示。

图 8-23　界面设计参考图

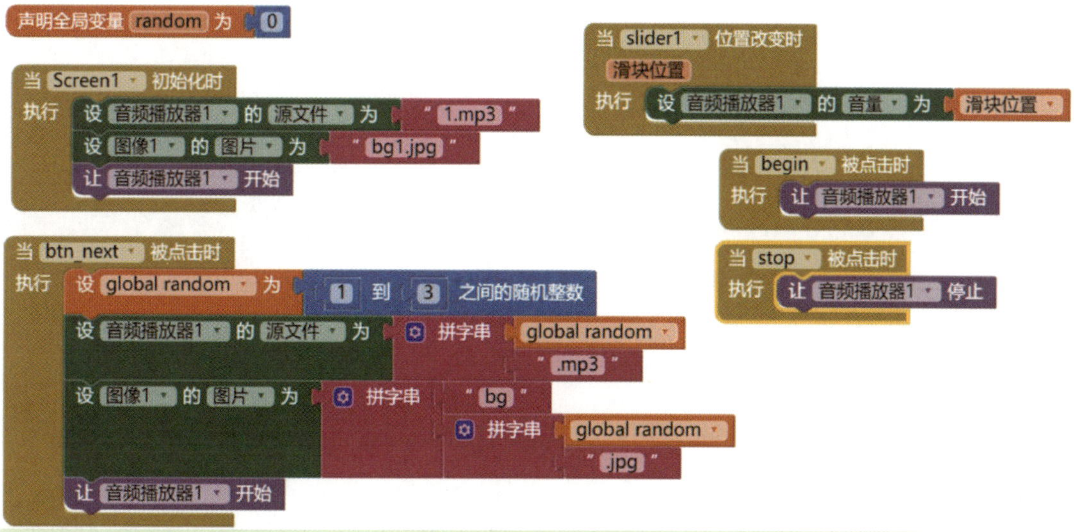
声明全局变量 random 为 0
当 Screen1 初始化时
执行 设 音频播放器1 的 源文件 为 "1.mp3"
设 图像1 的 图片 为 "bg1.jpg"
让 音频播放器1 开始
当 btn_next 被点击时
执行 设 global random 为 1 到 3 之间的随机整数
设 音频播放器1 的 源文件 为 拼字串 global random ".mp3"
设 图像1 的 图片 为 拼字串 "bg" 拼字串 global random ".jpg"
让 音频播放器1 开始
当 slider1 位置改变时
滑块位置
执行 设 音频播放器1 的 音量 为 滑块位置
当 begin 被点击时
执行 让 音频播放器1 开始
当 stop 被点击时
执行 让 音频播放器1 停止

图 8-24　参考代码

一、项目分析

开发"猜数字"App,效果如图 9-1 所示。

在"猜数字"这个游戏中,系统随机生成一个数字,并规定了一个范围,请游戏者猜测这个数字。如果这个数字是一个两位数,参与游戏者猜出其中第一位数字后,系统判断随机数和所猜数字之间的关系,并指示数字的范围,最终猜出这个数字。然后对游戏进行优化,包括列出

图 9-1 "猜数字"游戏界面

已经猜中的数字,并设计游戏倒计时,输了游戏要接受一个善意的惩罚。

二、项目目标

① 掌握界面之间跳转的方法。
② 掌握生成随机数的方法。
③ 能运用条件语句和循环语句控制程序的流程。
④ 掌握"猜数字"游戏的设计原理。

三、项目准备

1. 新建项目

单击窗口上部左侧的"新建项目"按钮,打开"新建项目"对话框,如图 9-2 所示,输入项目名称"caishuzi",然后单击"确定"按钮。

图 9-2　新建 caishuzi 项目

2. 导入素材

本项目需要的素材包括 4 张图片和一首乐曲,图片如图 9-3 所示。

图 9-3　素材

四、项目实施

(一) 入门阶段

在入门阶段,我们先实现"猜数字"游戏的基本功能——生成数字炸弹(一个随机数),用户单击"生成数字炸弹"按钮,生成一个随机数并显示在屏幕上,效果如图9-4所示。

1. 设计流程图

用户进入游戏,单击"生成数字炸弹"按钮,系统生成一个随机数(1~100)并显示在屏幕上,用户输入一个数字,系统判断随机数是否小于所猜数字。程序流程图如图9-5所示。

图9-4 生成随机数效果图

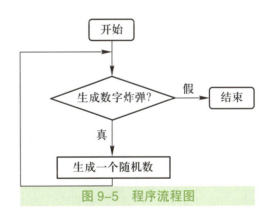

图9-5 程序流程图

2. 组件介绍

(1) 随机数的生成

内置块的"数学"块中有一个积木可以生成随机数,并指定随机数的范围(默认的范围为2~100)。随机数的最大值为 2^{30}。

（2）"对话框"组件

本项目中将使用一个之前还未用的组件，"对话框"组件，其所含的积木如表 9-1 所示。

积木	类型	作用
当 对话框1 完成选择时　结果　执行	事件	对话框完成选择时执行相关代码
当 对话框1 完成输入时　结果　执行	事件	对话框完成输入时执行相关代码
让 对话框1 显示告警信息　参数:通知	方法	对话框弹出警告信息
让 对话框1 显示选择对话框　参数:消息　参数:标题　参数:按钮1文本　参数:按钮2文本　参数:允许返回 真	方法	对话框弹出警告信息，允许返回参数
设 对话框1 的 背景颜色 为	赋值	设置对话框的背景颜色
对话框1 的 文本颜色	取属性值	获取对话框中文本的颜色
设 对话框1 的 文本颜色 为	赋值	设置对话框中文本的颜色

3. 组件设计

需要进行设计的组件主要有"标签""按钮"和"对话框"，它们以垂直布局排列。在"组件面板"中，找到相应的组件，并将其拖到"工作区域"面板中，然后按照如表 9-2 所示设置相关属性。组件设计效果和组件列表如图 9-6 所示。

★ 表 9-2　组件属性设置 ★

组件	所属面板	命名	作用	属性名	属性值
Screen		Screen1	承载其他组件	标题	猜数字
				背景图片	bg.jpg
垂直布局	界面布局	垂直布局 1	垂直排列	高度	300 像素
				宽度	充满
标签	界面布局	标签 1	显示文本	宽度	自动
				高度	自动
				显示文本	猜数字的范围在 1-100 之间

组件	所属面板	命名	作用	属性名	属性值
标签	界面布局	标签 2	显示文本	宽度	自动
				高度	自动
				显示文本	生成的数字炸弹是
标签	界面布局	标签 _ 显示炸弹数字	显示文本	宽度	自动
				高度	自动
按钮	用户界面	按钮 _ 产生数字	生成随机数	宽度	自动
				高度	自动
				显示文本	生成数字炸弹
对话框	用户界面	对话框 _ 提醒	弹出提示	停留时间	短
语音合成器	多媒体	朗读语音	朗读提示信息	语速	2.0

说明:在此表格中没有设置的组件属性均采用默认设置。

图 9-6　组件设计效果和组件列表

4. 逻辑设计

我们现在右边单击"编程"按钮进行程序设计。

（1）声明全局变量

声明一个名为"数字炸弹"的全局变量，并将其初始值设置为 0，如图 9-7 所示。

图 9-7　声明全局变量

（2）初始化

进入程序后，弹出一个对话框，提示游戏规则并同步播报语音。初始化代码如图 9-8 所示。

图 9-8　初始化

（3）生成随机数

当用户单击"生成数字炸弹"按钮时，生成一个 1~100 的随机数，并赋值给变量"数字炸弹"，然后把"数字炸弹"的值作为文本在屏幕上显示出来。其代码如图 9-9 所示。

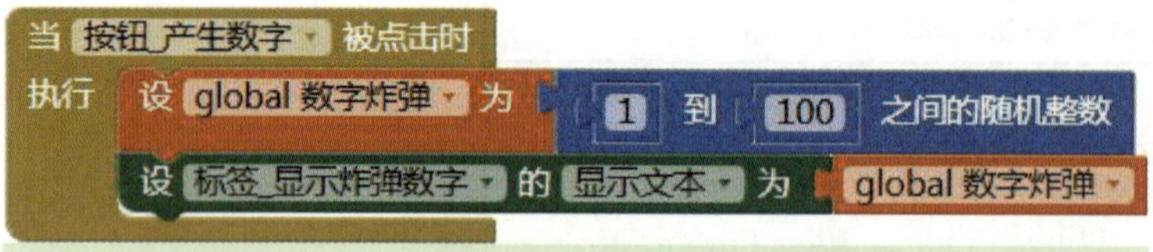

图 9-9　生成随机数

（4）退出程序

当用户单击主屏幕下方的退出按钮时，退出程序，其代码如图 9-10 所示。

图 9-10　退出程序

至此，入门阶段的程序已经编写完毕，完整的代码如图 9-11 所示。接下来请读者自行进行连接测试。

（二）晋级阶段

在入门阶段"猜数字"App 的基础上，生成数字炸弹时，添加一个音效；同时弹出提示对话框并语音播报，告知游戏开始。游戏运行效果如图 9-12 所示，参考代码如图 9-13 所示。

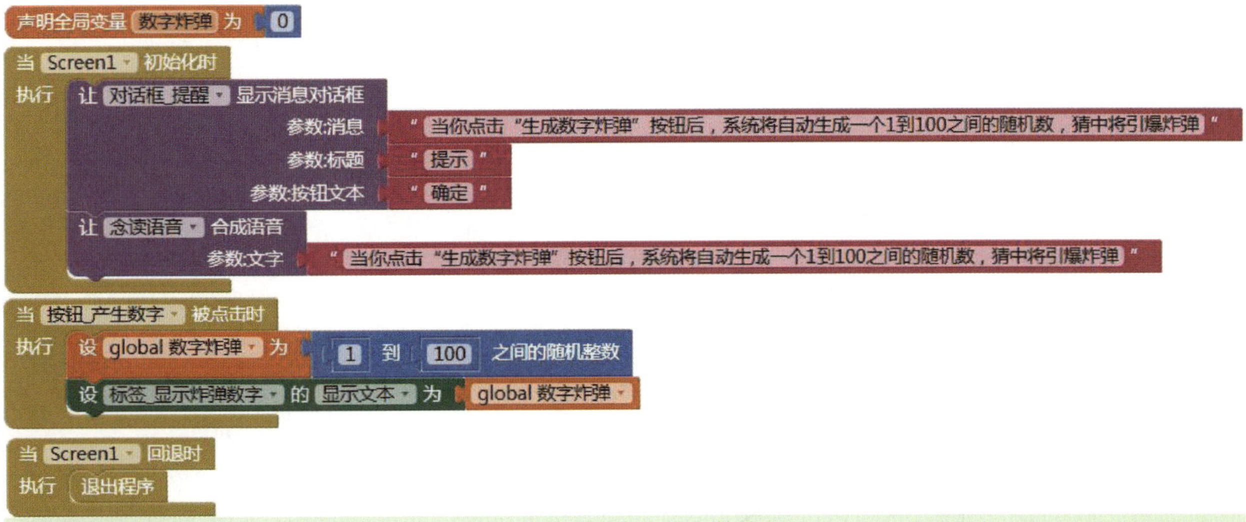

声明全局变量 数字炸弹 为 0
当 Screen1 初始化时
执行 让 对话框_提醒 显示消息对话框
参数:消息 “当你点击“生成数字炸弹”按钮后，系统将自动生成一个1到100之间的随机数，猜中将引爆炸弹”
参数:标题 “提示”
参数:按钮文本 “确定”
让 念读语音 合成语音
参数:文字 “当你点击“生成数字炸弹”按钮后，系统将自动生成一个1到100之间的随机数，猜中将引爆炸弹”
当 按钮_产生数字 被点击时
执行 设 global 数字炸弹 为 1 到 100 之间的随机整数
设 标签_显示炸弹数字 的 显示文本 为 global 数字炸弹
当 Screen1 回退时
执行 退出程序
图 9-11　入门阶段完整代码

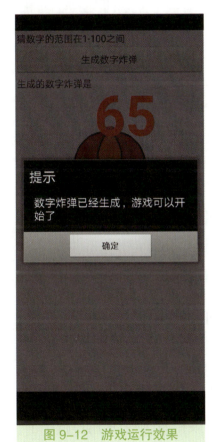

猜数字的范围在1-100之间
生成数字炸弹
生成的数字炸弹是
65
提示
数字炸弹已经生成，游戏可以开始了
确定
图 9-12　游戏运行效果

当 按钮_产生数字 .被点击
执行 设置 global 数字炸弹 为 随机整数从 1 到 100
设置 标签_显示炸弹数字 . 文本 为 取 global 数字炸弹
调用 音效2爆炸 .播放
调用 对话框_提醒 .显示消息对话框
消息 “数字炸弹已经生成，游戏可以开始了”
标题 “提示”
按钮文本 “确定”
调用 念读语音 .念读文本
消息 “数字炸弹已经生成，游戏可以开始了”
图 9-13　参考代码

（三）达人阶段

1. 设计流程图

达人阶段“猜数字”App 的流程图如图 9-14 所示。

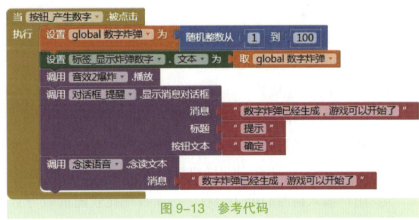

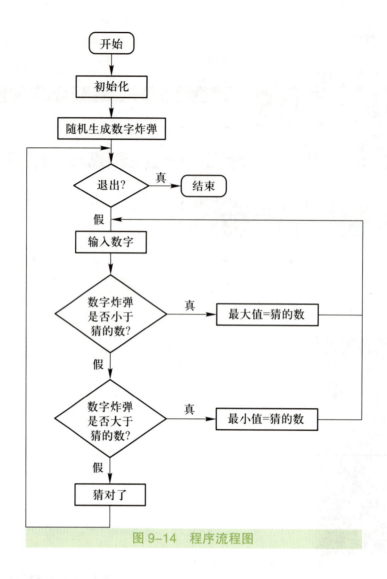

图 9-14　程序流程图

2. 游戏逻辑

"猜数字"游戏的逻辑如下：

① 用户单击"生成数字炸弹"按钮，程序生成一个随机数（1~100 的整数）。

② 用户输入猜测的第 1 个数字（x_1）。

③ 程序比较随机数与 x_1，如果相等，则表示用户猜中了，游戏结束。如果随机数大于 x_1，则将猜测范围缩小为 x_1~100；如果随机数小于 x_1，则将猜测范围缩小为 1~x_1。

④ 用户输入猜测的第 2 个数字（x_2），程序比较随机数与 x_2，如果相等，则表示用户猜中了，游戏结束；如果不相等，则按照第③步的方法进一步缩小猜测范围，以此类推，直到用户猜中为止。

3. 组件设计

在入门阶段 App 的基础上增加了一个文本框和两个按钮，如图 9-15 所示，组件的属性设置如表 9-3 所示。

图 9-15　组件设计效果及组件列表

★ 表 9-3　组件属性设置 ★

组件	所属面板	命名	作用	属性名	属性值
文本框	用户界面	文本输入框 1	输入用户猜的数字	提示	请输入你猜的数字
				文本颜色	红色
水平布局	界面布局	水平布局 2	显示 3 个按钮	高度	自动
				宽度	自动
标签	界面布局	标签 1 已猜数字	水平排列	显示文本	已猜数字：
				颜色	黑色

4. 逻辑设计

（1）声明全局变量

声明 4 个全局变量，并设置初始值，如图 9-16 所示。

（2）初始化

进入程序后，弹出一个对话框，提示游戏规则，并通过语

图 9-16　声明全局变量

音同步播报提示信息；调用"清空文本框"过程和"初始化变量"过程，设置"按钮_产生数字"按钮的"启用"属性为"真"，设置"确认输入"按钮的"启用"属性为"假"，设置"清空"按钮的"启用"属性为"假"，如图 9-17 所示。

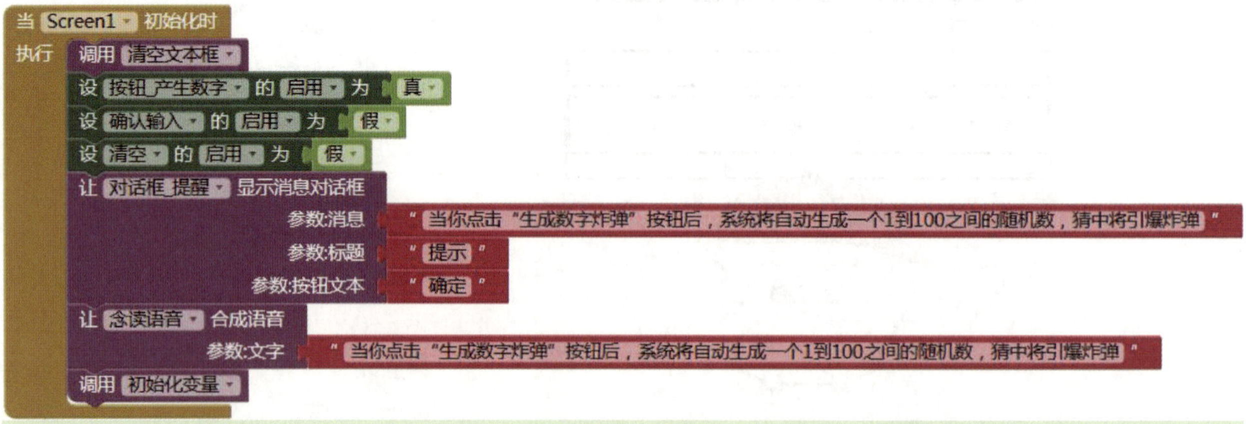

图 9-17　初始化

定义"清空文本框"过程，清空文本输入框的文本内容，如图 9-18 所示。

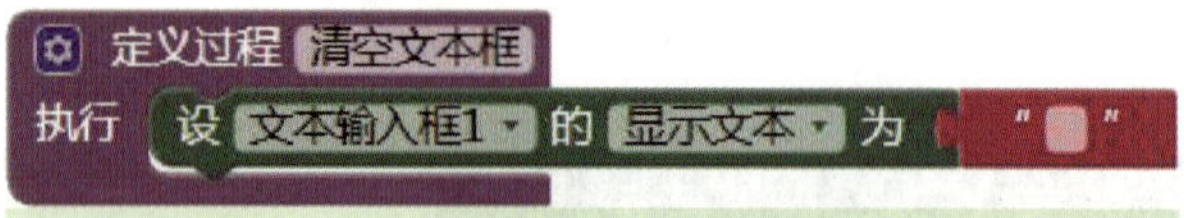

图 9-18　定义"清空文本框"过程

定义"初始化变量"过程，设置变量的最大值为 100、最小值为 1，如图 9-19 所示。

当"清空"按钮被单击时，调用"清空文本框"过程，如图 9-20 所示。

图 9-19　定义"初始化变量"过程

图 9-20　设置"清空"按钮

当"产生数字"按钮被单击时，设置数字炸弹为 1~100 的随机整数，弹出提示框，同步朗读提示语音。

当按钮被单击后，当前按钮不能再被单击，所以设置按钮"按钮_产生数字"的"启用"属性为"假"；进入游戏用户可以输入猜数字，因此设置"确认输入"按钮的"启用"属性为"真"，设置"清空"按钮的"启用"属性为"真"；再次调用"清空文本框"和"初始化变量"过程。"生成数字炸弹"按钮的完整代码如图 9-21 所示。

用户在文本框中输入猜的数字，系统把数字复制给变量"用户猜的数字"，判断"数字炸弹"和"用户猜的数字"之间的关系，如果"数字炸弹"小于"用户猜的数字"，把"用户猜的数字"赋值给变量"最大值"，把用户猜数字的范围缩小到"最小值"到"用户猜的数字"之间，并弹出

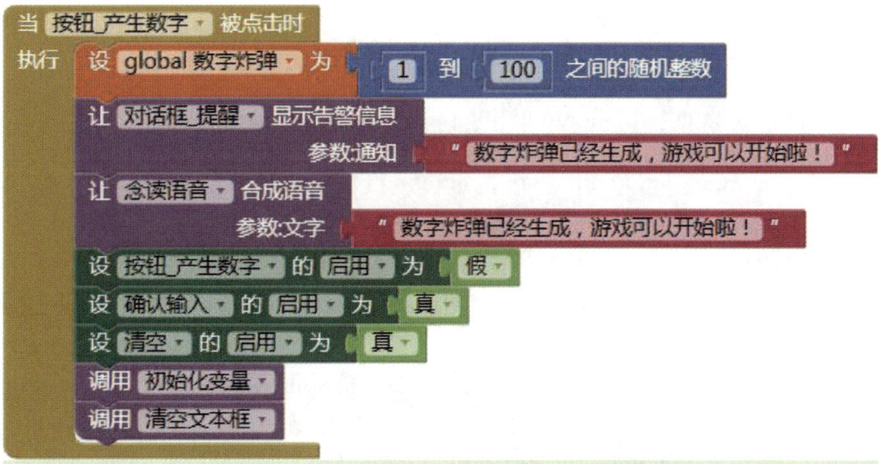

图 9-21 "生成数字炸弹"按钮的完整代码

提示对话框和语音提示,提示输入范围为最小值和最大值之间的数字。

如果"数字炸弹"大于"用户猜的数字",把"用户猜的数字"赋值给变量"最小值",并弹出提示对话框和语音提示,提示输入范围为最小值和最大值之间的数字。

如果猜对了,则设置"确认输入"按钮的"启用"属性为"假",播放"音效 2"显示对应的图片。把每次猜的数字通过拼字符串功能赋值给"标签1 已猜数字"的"显示文本"属性,把已猜过的数字记录在屏幕上方。"确认输入"按钮的相关代码如图 9-22、图 9-23 和图 9-24所示。

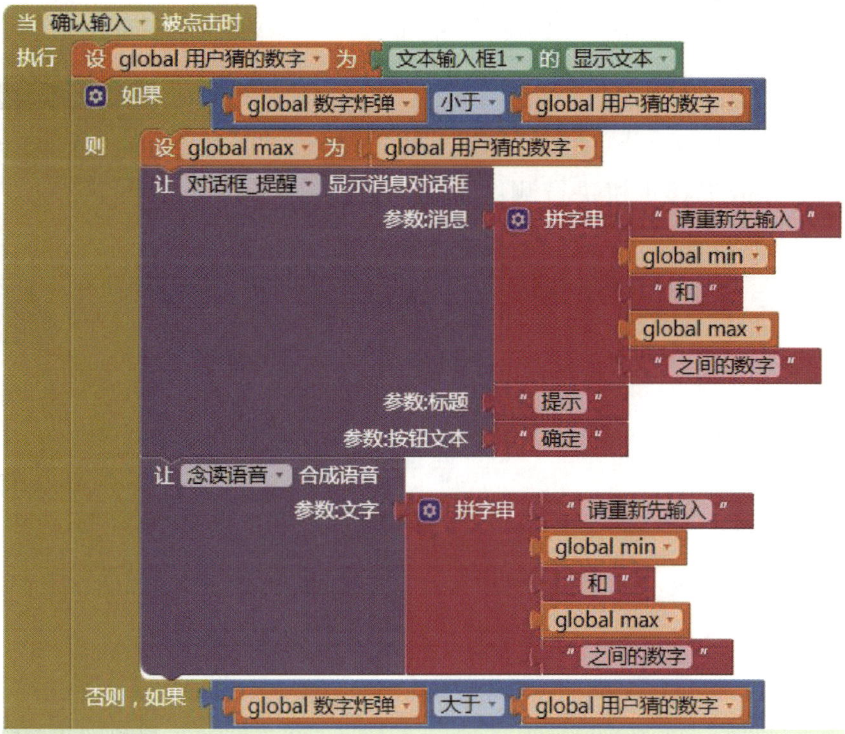

图 9-22 "确认输入"按钮代码(1)

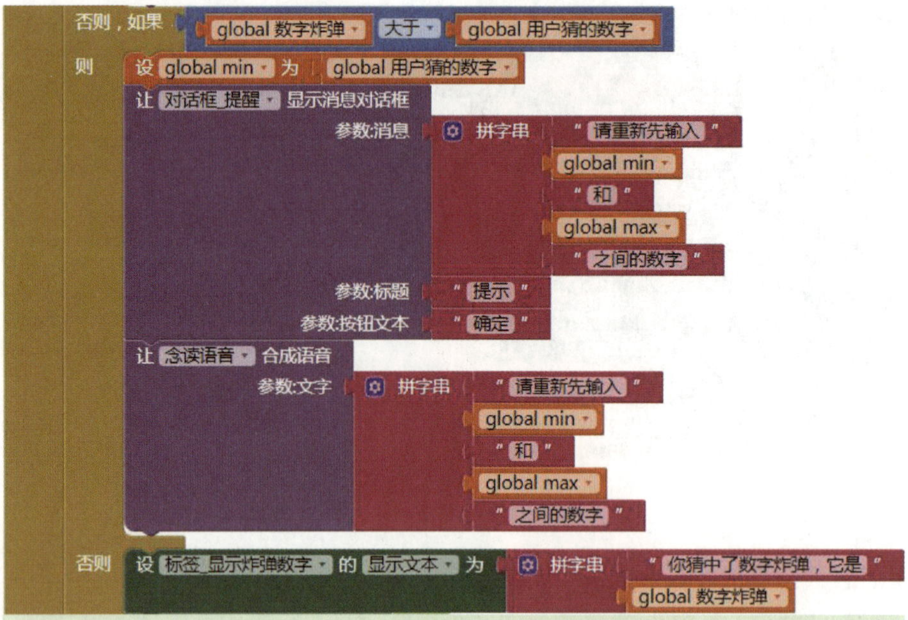
否则，如果 global 数字炸弹 大于 global 用户猜的数字
则 设 global min 为 global 用户猜的数字
让 对话框_提醒 显示消息对话框
参数:消息 拼字串 "请重新先输入" global min "和" global max "之间的数字"
参数:标题 "提示"
参数:按钮文本 "确定"
让 念读语音 合成语音
参数:文字 拼字串 "请重新先输入" global min "和" global max "之间的数字"
否则 设 标签_显示炸弹数字 的 显示文本 为 拼字串 "你猜中了数字炸弹，它是" global 数字炸弹
图 9-23 “确认输入”按钮代码(2)

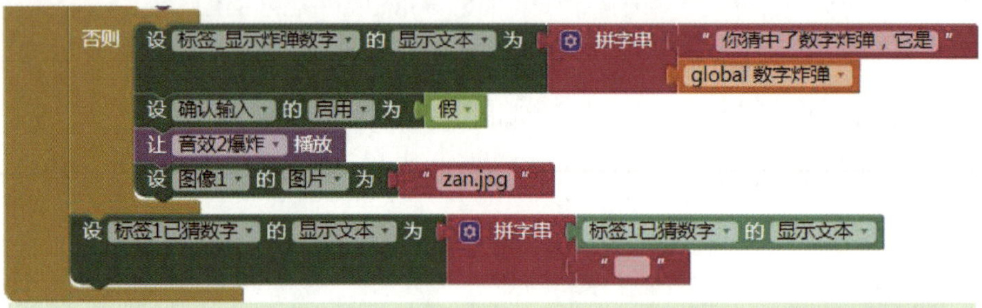
否则 设 标签_显示炸弹数字 的 显示文本 为 拼字串 "你猜中了数字炸弹，它是" global 数字炸弹
设 确认输入 的 启用 为 假
让 音效2爆炸 播放
设 图像1 的 图片 为 "zan.jpg"
设 标签1已猜数字 的 显示文本 为 拼字串 标签1已猜数字 的 显示文本 " "
图 9-24 “确认输入”按钮代码(3)

5. 连接测试

通过“AI 伴侣”App 连接手机进行测试，运行界面如图 9-25 所示。

猜数字的范围在1-100之间
已猜数字：50 25 12 6 3 2 1
生成数字炸弹
确认输入
清空按钮
你猜中了数字炸弹，它是1
图 9-25 “猜数字”游戏运行结果

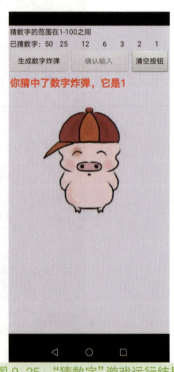

五、项目拓展

"猜数字"游戏还可以进一步升级，如增加游戏介绍、倒计时、播放背景音乐、游戏失败时接受善意惩罚、猜对了给予点赞等功能。参考界面如图 9-26~ 图 9-29 所示。详细代码请留意教材配套资料。

图 9-26 游戏介绍界面

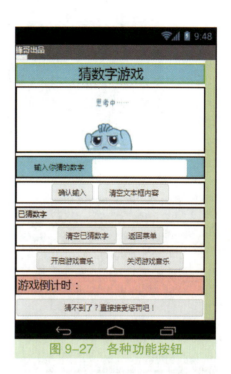

图 9-27 各种功能按钮

图 9-28 游戏失败

图 9-29 猜对了

游戏中增加播放音乐功能的代码如图 9-30 所示。

倒计时功能的关键代码如图 9-31 所示。计时器每次递减 1 秒，倒计时结束时如果没有猜对，则游戏结束，可单击"随机惩罚"按钮(见图 9-28),选择惩罚项目，其参考代码如图 9-32 所示。

图 9-30　播放音乐

图 9-31　倒计时

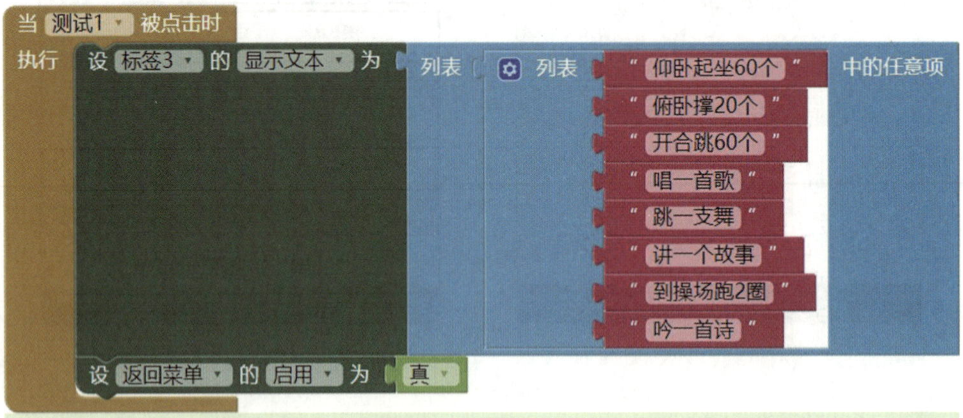

图 9-32　随机惩罚

项目拓展的完整代码可从 Abook 网站下载(详见书末的"郑重声明"页)。

项目 10

贪食球

一、项目分析

在本项目中,我们学习制作一个属于自己的小游戏,"贪食球",一个类似于经典游戏"贪吃蛇"简化版的小游戏。游戏中包含一个黑色的贪食球、多个白色的美味球、多个颜色鲜艳但有剧毒的小毒球,当黑色的贪食球吃到白色美味球时,黑色贪食球的体积随之变大;如果贪食球触碰到边界或误食小毒球,则游戏结束。"贪食球"游戏运行界面如图10-1所示。

在"贪食球"这个游戏中,用户向上下左右四个方向倾斜手机时,黑色贪食球会随着手机的倾斜角度改变速度和方向,去"吃"白色美味球,用户可以根据可食球的位置调整倾斜方向和角度。

图 10-1 "贪食球"游戏运行界面

二、项目目标

① 会用"按钮""画布""球""精灵"等组件进行组件设计。

② 会使用"方向传感器"组件控制球形精灵的速度和方向。

③ 会使用循环语句块控制球形精灵的移动。

④ 会使用条件语句块判断球形精灵的类别。

三、项目准备 //

1. 新建项目

单击窗口左上角的"新建项目"按钮，打开"新建项目"对话框，如图 10-2 所示，输入项目名称"Gluttonyball"，然后单击"确定"按钮。

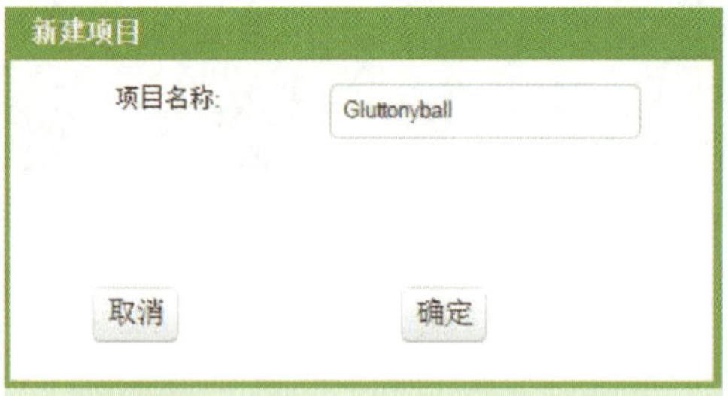

2. 导入素材

本项目使用的素材包括两个音频文件，一个在吃到美味球时播放，一个在游戏结束时播放。

图 10-2 新建 Gluttonyball 项目

四、项目实施 //

（一）入门阶段

先制作一个简单的"贪食球"游戏。游戏中包含一个黑色的贪食球、一个白色的美味球，当黑色的贪食球吃到白色美味球时，黑色贪食球的体积随之变大，如果贪食球触碰到边界则游戏结束。游戏运行界面如图 10-3 所示。

1. 设计流程图

游戏开始后，用户倾斜手机让黑色贪食球寻找白色美味球，当黑色贪食球触碰到美味球时，黑色贪食球的半径变大；如果黑色贪食球触碰到边界，则游戏结束。程序流程图如图10-4 所示。

2. 组件介绍

（1）方向传感器

"方向传感器"组件用于确定手机的空间方位，包含以下 3 个角度参数。

图 10-3 "贪食球"运行界面

方位角：当手机顶部指向正北方向时，方位角为 0°；当手机顶部指向正东时，其值为 90°；

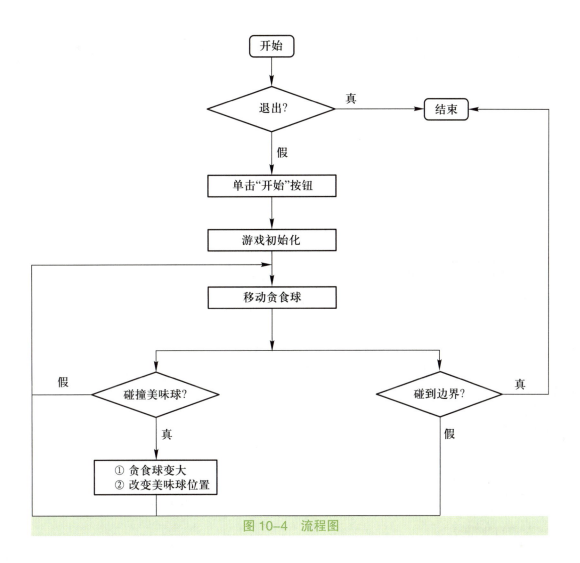

图 10-4 流程图

当手机顶部指向正南时,其值为 180°;当手机顶部指向正西时,其值为 270°。

俯仰角:当手机被水平放置时,角度为 0°;向手机顶部倾斜到垂直时,翻转角为 90°;向底部倾斜到垂直时,翻转角为 -90°。

翻转角:当手机被水平放置时,角度为 0°;向左边倾斜到垂直时,翻转角为 90°;向右边倾斜到垂直时,翻转角为 -90°。

"方向传感器"组件的属性和积木如表 10-1、表 10-2 所示。

★ **表 10-1 "方向传感器"组件的属性** ★

属性名	作用
启用	方向传感器是否启用;勾选"启用"复选框时,向上下左右四个方向倾斜手机时,方向传感器的翻转角、俯仰角和方位角随之发生变化。

(2)"球"组件

"球"是应用在画布上的动画组件,它所包含的积木如表 10-3 所示。

积木	类型	作用
当 方向传感器1 方向改变时 方位角 俯仰角 翻转角 执行	事件	方向传感器方向改变时发生的事件,包含量方位角、俯仰角和翻转角三个参数
方向传感器1 的 角度 ✓ 角度 可用状态 方位角 启用 幅度 俯仰角 翻转角	取属性值	获取方向传感器的角度等属性值,其中,角度为手机倾斜的方向,即对象受力的方向; 幅度返加个 0~1 之间的小数值,表示手机倾斜时对象受力的大小
设 方向传感器1 的 启用 为	设置属性	启用方向传感器
方向传感器1	取对象	获取方向传感器对象

★ 表 10–3 "球"组件的积木 ★

积木	类型	作用
当 球1 与其他精灵碰撞时 其他精灵 执行	事件	当球与其他精灵碰撞时触发的事件
当 球1 与其他精灵分开时 其他精灵 执行	事件	当球与其他精灵分开时触发的事件
当 球1 碰到边界时 边界代码 执行	事件	当球碰到边界时触发的事件,事件发生时返回的边界代码如下:
当 球1 被按压时 x坐标 y坐标 执行	事件	当球被按压时触发的事件,(x,y)表示按压点的坐标
当 球1 被划动时 x坐标 y坐标 速度 方向 速度X分量 速度Y分量 执行	事件	当球被划动时触发的事件,(x,y)为划动的起始位置坐标,速度为手指划动速度,方向为逆时针旋转的角度,速度 X 分量为 X 方向的速度分量,速度 Y 分量为 Y 方向的速度分量

积木	类型	作用
当 球1 被拖动时 起点X坐标 起点Y坐标 邻点X坐标 邻点Y坐标 当前X坐标 当前Y坐标 执行	事件	当球被拖动时触发的事件,参数与画布相同
当 球1 被释放时 x坐标 y坐标 执行	事件	当球被释放时触发的事件,(x,y)表示释放时手指离开时的位置坐标
当 球1 被触摸时 x坐标 y坐标 执行	事件	当球被触摸时触发的事件,(x,y)表示触摸点的位置坐标
让 球1 反弹 参数:边界代码	动作	让球根据碰到的边界代码进行反弹
让 球1 检测碰撞状态 参数:其他精灵	取返回值	检测球与其他精灵的碰撞状态
让 球1 移动到边界	动作	将球移动到边界位置
让 球1 移动到指定位置 参数:x坐标 参数:y坐标	动作	让球移动到某个指定位置
让 球1 转向指定位置 参数:x坐标 参数:y坐标	动作	让球转向某一个指定位置
让 球1 转向指定对象 参数:目标精灵	动作	让球移向另一个精灵
设 球1 的 间隔 为 启用 方向 ✓ 间隔 填充色 半径 速度 允许显示 X坐标 Y坐标 Z坐标	设属性值	设置球的"方向"等属性
球1 的 启用 ✓ 启用 方向 间隔 填充色 半径 速度 允许显示 X坐标 Y坐标 Z坐标	取属性值	获取球的"方向"等属性值
球1	取对象	获取球对象

"球"组件的属性如表 10-4 所示。

★ 表 10-4 "球"组件的属性 ★

属性名	作用
启用	选中表示启用,否则不启用
方向	球的运动方向,X 轴方向为 0°,Y 轴方向为 90°
间隔	球的移动频率,单位为毫秒(ms)
填充色	球的填充颜色
半径	球的半径
速度	球的速度,值越大,速度越快
允许显示	选中表示显示,否则表示不显示
X 坐标	球在画布中的 X 坐标
Y 坐标	球在画布中的 Y 坐标
Z 坐标	球在画布中的叠放顺序,值大者处于上层

3. 组件设计

需要进行设计的组件主要有"画布""球""按钮""对话框""方向传感器"等,并按照如表 10-5 所示进行属性设置。组件设计效果及组件列表如图 10-5 所示。

★ 表 10-5 组件属性设置 ★

组件	所属面板	命名	作用	属性名	属性值
Screen		Screen1	承载其他组件	标题	贪食球
画布	绘图动画	画布 1	贪食球运动区域	背景颜色	绿色
				高度	300 像素
				宽度	充满
球	绘图动画	贪食球	贪食球	颜色	黑色
				半径	6 像素
				启用	假
球	绘图动画	美味球 1	美味球	颜色	白色
				半径	5 像素
按钮	用户界面	按钮 1	开始游戏	显示文本	开始
方向传感器	传感器	方向传感器 1	感应手机方向改变		
对话框	用户界面	对话框 1	提示信息		
音效播放器	多媒体	成功	播放成功声音	源	tada.mp3
音效播放器	多媒体	结束	播放游戏结束声音	源	gameover.mp3

说明:在此表格中没有设置的组件属性均采用默认设置。

图 10-5　组件设计效果及组件列表

4. 逻辑设计

（1）游戏提示

打开游戏界面时，以对话框的形式显示提示信息，告诉用户游戏规则，如图 10-6 所示。

图 10-6　游戏提示

（2）开始游戏

当单击"开始"按钮时，启用贪食球并禁用"开始"按钮；贪食球的初始半径设置为 6 像素；贪食球移动到随机位置，代码如图 10-7 所示。

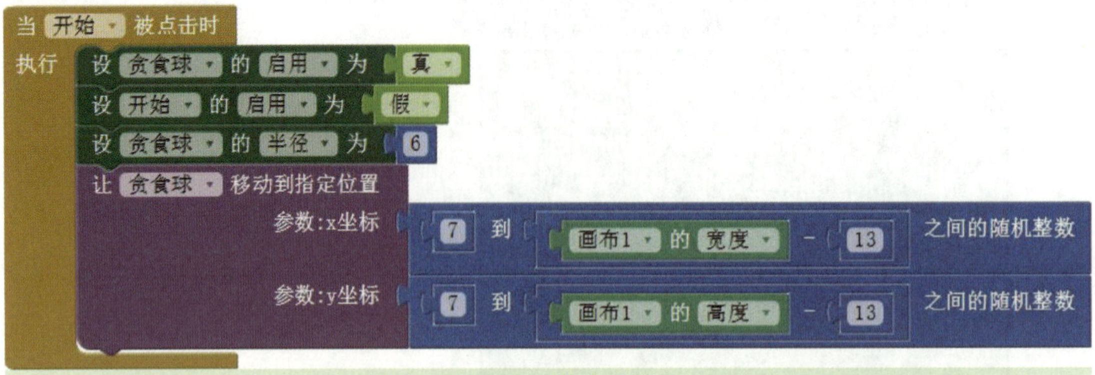

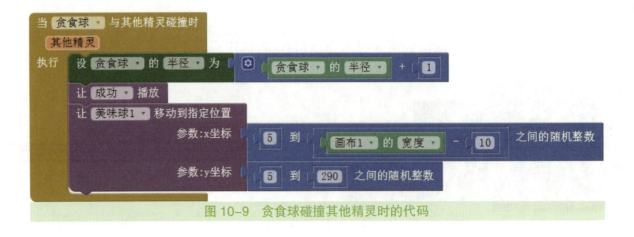

图 10-7　游戏开始

（3）移动贪食球

用户通过倾斜手机来控制贪食球，贪食球的移动速度取决于手机的倾斜幅度，贪食球的移动方向取决于手机倾斜的角度，其代码如图 10-8 所示。

图 10-8　用方向传感器控制贪食球的移动

（4）碰撞其他精灵

当贪食球碰到其他精灵时，表示吃到美味球，播放成功的声音，贪食球的半径变大，美味球立即改变位置，代码如图 10-9 所示。

图 10-9　贪食球碰撞其他精灵时的代码

（5）游戏结束

贪食球碰到边界时游戏结束，播放游戏结束的声音；贪食球的"启用"属性为"假"，不再随着方向传感器的方向改变而改变位置；启用"开始"按钮，为下一轮游戏做准备；对话框提示"游戏结束"等信息，代码如图 10-10 所示。

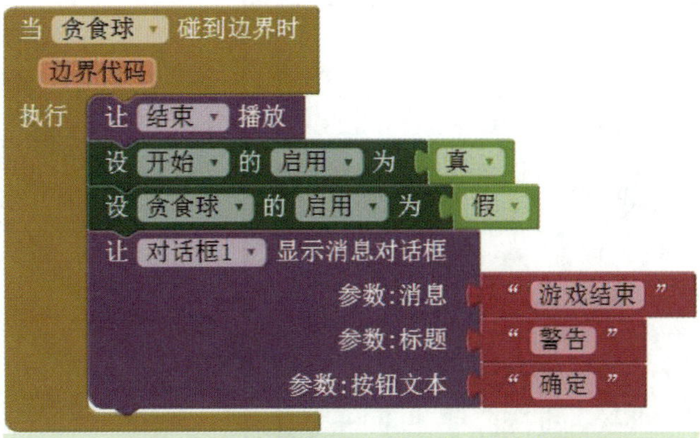

图 10-10　贪食球碰到边界时的代码

至此，入门阶段的程序已经编写完毕，可通过"AI 伴侣"App 连接手机测试游戏运行效果，通过向上下左右四个方向倾斜手机来控制贪食球的速度和运动方向，让贪食球尽量碰到白色美味球，但不能碰到边界，测试过程中注意观察贪食球的变化。

（二）晋级阶段

在入门阶段，我们设计了一个简单的贪食球游戏，但只有一个可以食用的美味球，而且美味球中被吃到之前不会自动变换位置。在此基础上，我们改进贪食球游戏，增加两个白色美味球，并且让美味球按一定的时间间隔变换位置；添加一个计时器组件，用来设置美味球改变位置的时间间隔。组件设计效果及组件列表如图 10-11 所示。

1. 组件介绍

在晋级阶段的"贪食球"游戏中，增加了三个组件，如表 10-6 所示。

★ **表 10-6　增加的组件** ★

组件	所属面板	命名	作用	属性名	属性值
球	绘图动画	美味球 2	美味球	颜色	白色
球	绘图动画	美味球 3	美味球	颜色	白色
计时器	传感器	计时器 1	设置时间间隔	计时间隔	3 000 ms
				启用计时	假

说明：在此表格中没有设置的组件属性均采用默认设置。

工作区域

☐ 显示隐藏组件
☐ 平板预览效果

贪食球

开始

非可视组件

对话框1 方向传感器1 计时器1 成功 结束

组件列表

☐ Screen1
　☐ 画布1
　　贪食球
　　美味球1
　　美味球2
　　美味球3
　　开始
　　对话框1
　　方向传感器1
　　计时器1
　　成功
　　结束

改名　删除

素材

Tada.mp3
gameover.mp3
上传文件

图 10-11　组件设计效果及组件列表

2. 逻辑设计

（1）声明变量

声明一个"小球列表"变量，用来存放所有的美味球，代码如图 10-12 所示。

声明全局变量 小球列表 为 　空列表

图 10-12　声明变量

（2）屏幕初始化

屏幕初始化时，提示游戏规则，并给"小球列表"变量进行赋值，代码如图 10-13 所示。

（3）游戏开始

用户单击"开始"按钮后，"开始"按钮的"启用"属性设置为"假"；重新初始化贪食球的半径；贪食球开始启用，然后贪食球可以根据手机的倾斜来运动；计时器开始计时；贪食球移到随机位置，代码如图 10-14 所示。

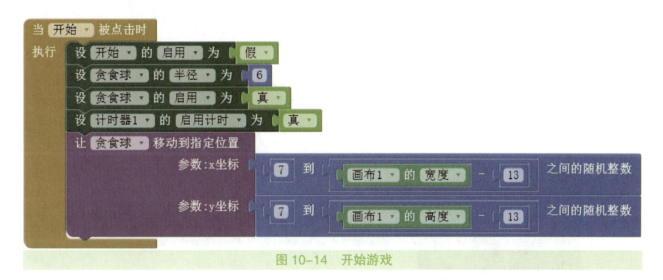

图 10-13　屏幕初始化

图 10-14　开始游戏

（4）移动小球

定义一个名为"移动小球"的过程，当计时器到达计时间隔时，所有美味球随机变换位置，如图 10-15 所示。

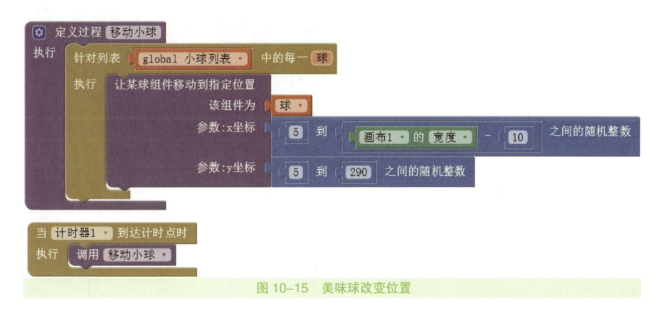

图 10-15　美味球改变位置

（5）移动贪食球

倾斜手机，让贪食球根据方向传感器倾斜的角度和幅度来改变方向和速度，如图 10-16 所示。

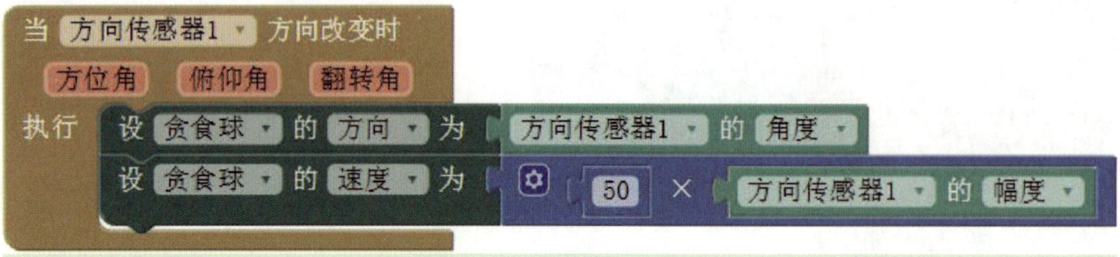

图 10-16　移动贪食球

（6）吃到美味球

当贪食球吃到美味球时，贪食球体积变大，播放成功的音效，所有美味球的位置发生改变，如图 10-17 所示。

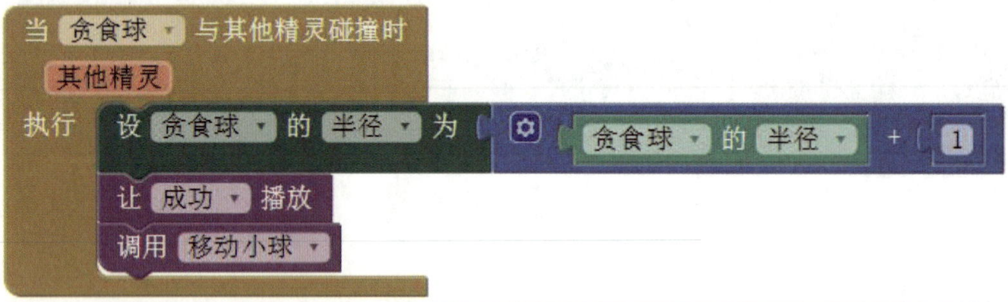

图 10-17　吃到美味球

（7）碰到边界

当贪食球碰到边界时，游戏结束，计时器停止计时；美味球的位置不再发生变化；"开始"按钮重新启用，为下一轮游戏做准备；贪食球停止改变位置；贪食球被禁用，不再受方向传感器方向改变的影响；播放游戏结束的声音；弹出游戏结束的提示信息，如图 10-18 所示。

（三）达人阶段

1. 设计流程图

在达人阶段，游戏中除了包含一个黑色的贪食球外，增加多个白色的美味球及多个颜色鲜艳但有剧毒的小球；当黑色的贪食球撞到白色美味球时，黑色贪食球的体积随之变大；如果贪食球触碰到边界或误食小毒球，则游戏结束。程序的流程图如图 10-19 所示。

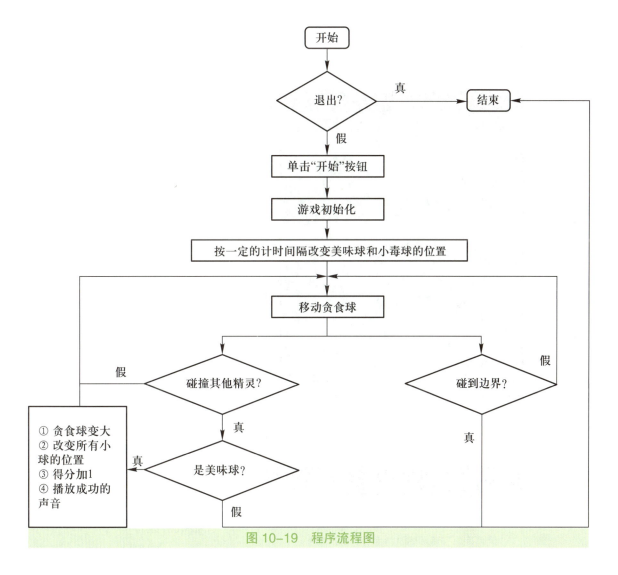

图 10-18　游戏结束

图 10-19　程序流程图

2. 组件设计

在前两个阶段的基础上增加多个彩色的小毒球、一个水平布局组件、两个标签组件等，新增的组件按照表 10-7 所示进行属性设置。组件设计效果及组件列表如图 10-20 所示。

★ **表 10-7　新增组件属性设置** ★

组件	所属面板	命名	作用	属性名	属性值
球	绘图动画	球 4~ 球 10	有毒的小球	颜色	各种彩色
				半径	5 像素
水平布局	界面布局	水平布局 1	水平放置组件	水平对齐	居中
				宽度	充满
标签	用户界面	得分 _ 标签	提示	显示文本	得分：
标签	用户界面	得分	显示分数	显示文本	0

说明：在此表格中没有设置的组件属性均采用默认设置。

图 10-20　组件设计效果及组件列表

3. 逻辑设计

（1）程序初始化

先声明一个全局变量"小球列表"，然后定义"小球列表"变量的内容，如图 10-21 所示。

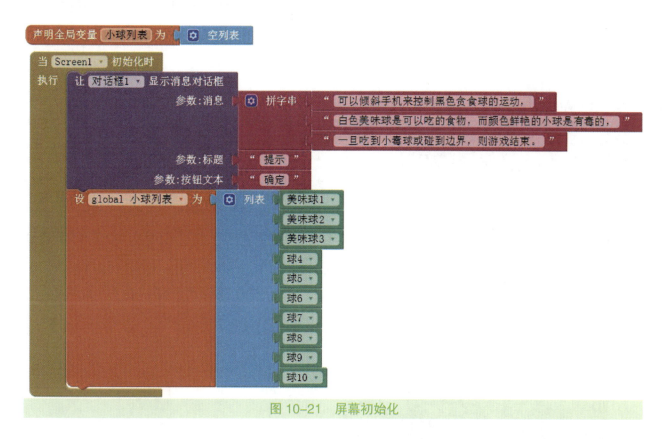

图 10-21　屏幕初始化

（2）定义移动小球的过程

移动小球是实现将美味球和小毒球移动到随机位置的过程，因为在项目中需要多次移动小球，所以定义一个过程，方便调用，减少代码的重复，如图 10-22 所示。

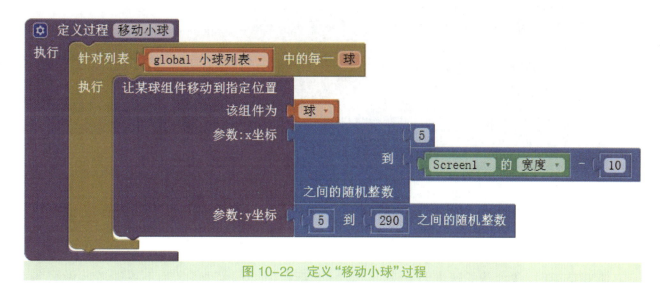

图 10-22　定义"移动小球"过程

小球的行为如表 10-8 所示。

★ **表 10-8 小球的行为** ★

行为	讲解
	循环获取小球列表中的每一个球
	让列表中的球移动到指定位置,位置坐标 X 和 Y 均采用随机值

（3）游戏开始

单击"开始"时,需要初始化贪食球的半径;贪食球的"启用"属性设置为"真",可以由倾斜手机来控制小球的运动;禁用"开始"按钮,游戏过程中,该按钮不能使用;初始得分归 0;计时器开始计时;移动所有美味球和小毒球的位置,并将贪食球移动到随机位置,如图 10-23 所示。

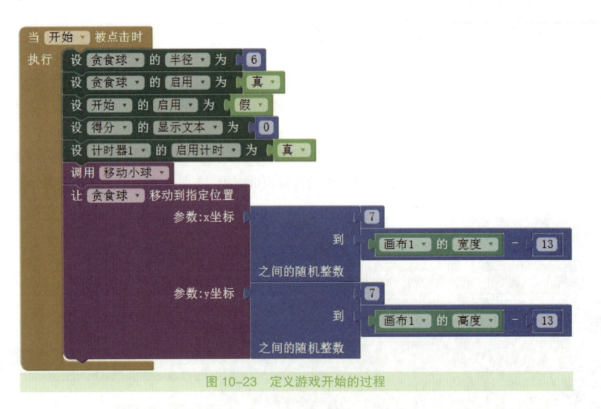

图 10-23 定义游戏开始的过程

游戏开始时的行为如表 10-9 所示。

（4）定义"游戏结束"过程

游戏结束时,贪食球的速度归 0,停止运动;重新启用"开始"按钮,为下一轮游戏做准备;

★ **表 10-9　游戏开始时的行为** ★

行为	讲解
设 贪食球 的 半径 为 6	设置贪食球的半径为 6 像素
设 贪食球 的 启用 为 真	启用贪食球,使之可以随着手机的倾斜而移动
设 开始 的 启用 为 假	游戏开始后禁用"开始"按钮
设 得分 的 显示文本 为 0	初始得分归 0
设 计时器1 的 启用计时 为 真	计时器开始计时
调用 移动小球	调用"移动小球"过程
让 贪食球 移动到指定位置 参数:x坐标 到 画布1 的 宽度 - 13 之间的随机整数 7 参数:y坐标 到 画布1 的 高度 - 13 之间的随机整数 7	让贪食球移到随机位置

　　计时器停止计时,所有美味球和小毒球不再改变位置;禁用贪食球,它不再随着手机的倾斜而移动;对话框提示游戏结束的信息。在本例中有两种情况会导致游戏结束,所以定义一个过程方便多次调用,其代码如图 10-24 所示。

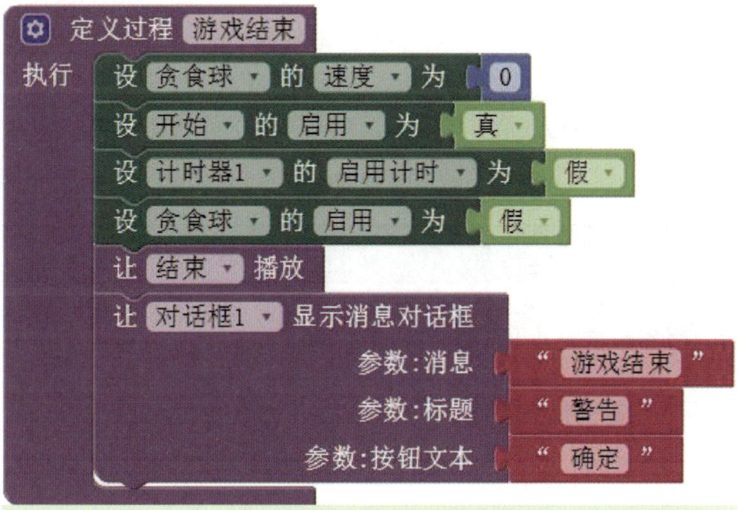

图 10-24　定义"游戏结束"过程

　　"游戏结束"过程中的相关行为如表 10-10 所示。

★ 表 10-10 "游戏结束"过程中的相关行为 ★

行为	讲解
设 贪食球 的 速度 为 0	贪食球停止运动
设 开始 的 启用 为 真	重新启用"开始"按钮,为下一次游戏做准备
设 计时器1 的 启用计时 为 假	计时器停止计时,所有小球不再改变位置
设 贪食球 的 启用 为 假	禁用贪食球,使之不再随手机倾斜度而移动
让 结束 播放	播放游戏结束的声音
让 对话框1 显示消息对话框 参数:消息 "游戏结束" 参数:标题 "警告" 参数:按钮文本 "确定"	显示游戏结束的提示信息

（5）移动贪食球

用户通过倾斜手机来控制贪食球,贪食球的速度由用户倾斜手机的幅度来决定,而移动方向由用户倾斜手机的角度来决定,其代码如图 10-25 所示。

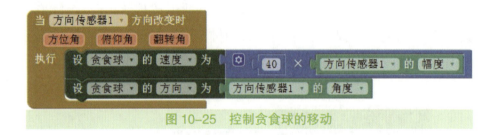

图 10-25 控制贪食球的移动

贪食球的行为如表 10-11 所示。

★ 表 10-11 贪食球的行为 ★

行为	讲解
设 贪食球 的 速度 为 50 × 方向传感器1 的 幅度	设置贪食球的速度,可以将50改成任意值,值越大,速度越快
设 贪食球 的 方向 为 方向传感器1 的 角度	设置贪食球的移动方向为方向传感器的角度

（6）与其他精灵碰撞

当贪食球与其他精灵（美味球或小毒球）碰撞时,需判断撞到的是白色的美味球还是其他颜色的小毒球,如果是小毒球,则游戏结束;否则,播放成功的声音,贪食球体积变大,得分加1,并改变所有美味球和小毒球的位置,代码如图 10-26 所示。

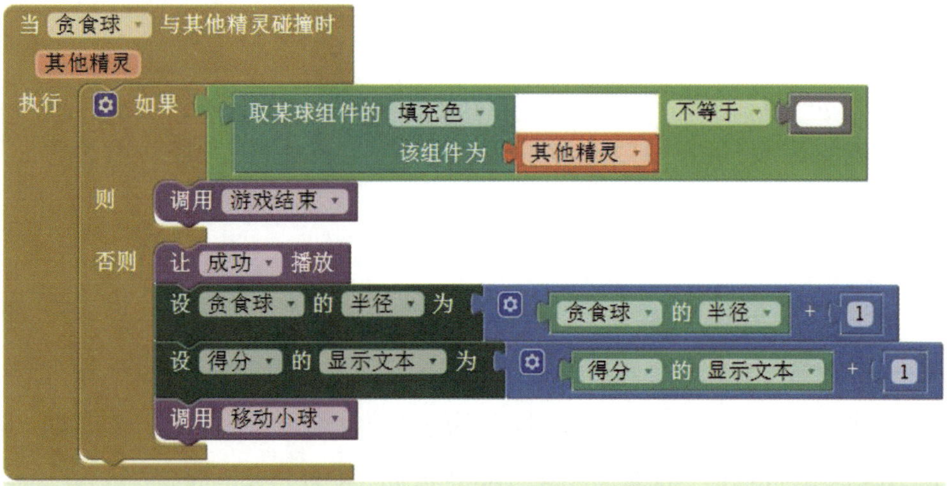

图 10-26 贪食球与其他精灵碰撞时的代码

贪食球与其他精灵碰撞时的行为如表 10-12 所示。

★ 表 10-12 贪食球的碰撞行为 ★

行为	讲解
 如果 取某球组件的 填充色 不等于 ▢ / 该组件为 其他精灵 / 则 调用 游戏结束	如果贪食球碰到的球不是白色,则为有毒球,游戏结束
 让 成功 播放	播放成功的声音
 设 贪食球 的 半径 为 ⚙ 贪食球 的 半径 + 1	贪食球半径增加1像素,贪食球变大
 设 得分 的 显示文本 为 ⚙ 得分 的 显示文本 + 1	得分加1
 调用 移动小球	调用"移动小球"过程

(7) 其他代码

当计时器到达计时间隔时,美味球和小毒球位置发生变化,当贪食球碰撞到边时,游戏结束,代码如图 10-27 所示。

4. 连接测试

"贪食球"游戏程序已经编写完毕,可通过"AI 伴侣"连接手机进行测试,运行效果如图 10-1 所示。

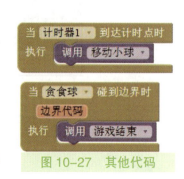
图 10-27 其他代码

现在"贪食球"游戏已经开发完成,但还有些功能不够完善,读者可以尝试对游戏进行改进,例如,增加游戏的等级,玩家可以选择游戏级别,让游戏更具有挑战性,等等。下面的改进供读者参考。

1. 界面设计

在画布中一共放置了 19 个小球,黑色的小球命名为"贪食球";其他小球,依次命名为:球 1、球 2、球 3……球 17、球 18,将这 18 个小球分为 3 组,每组 6 个,每一组中有两个小球填充为白色,有 4 个小球填充为彩色;增加了一个"水平布局"组件,用于放置"难度"标签和"难度"下拉列表框,组件设计效果和组件列表如图 10-28 所示。

图 10-28　组件设计效果及组件列表

2. 部分逻辑设计

（1）屏幕初始化

屏幕初始化时，将 3 组小球全部存放在列表中；游戏开始时，默认为难度为初级，所以只显示第一组的小球，如图 10-29 所示。

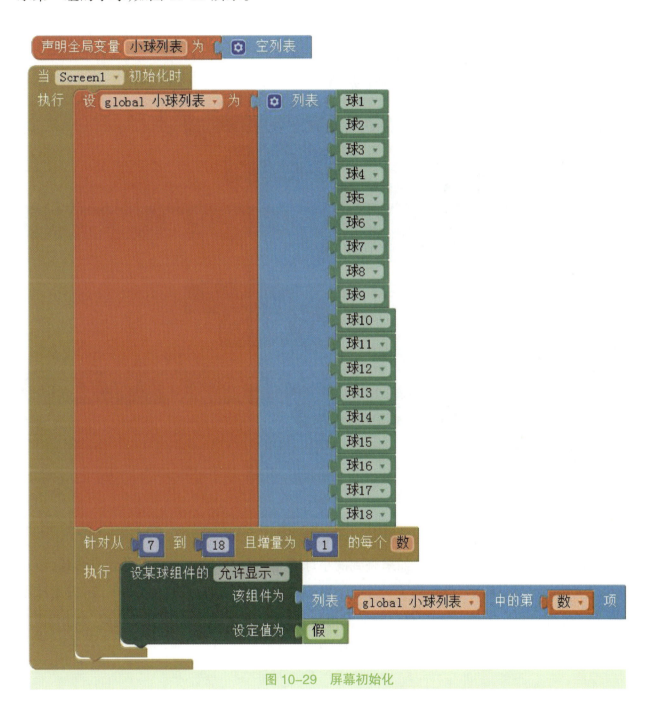

图 10-29 屏幕初始化

（2）难度选择

当选择初级时，隐藏第二组和第三组小球；当选择中级时，隐藏第三组小球；当选择高级时，显示所有小球，其实现代码如图 10-30 所示。

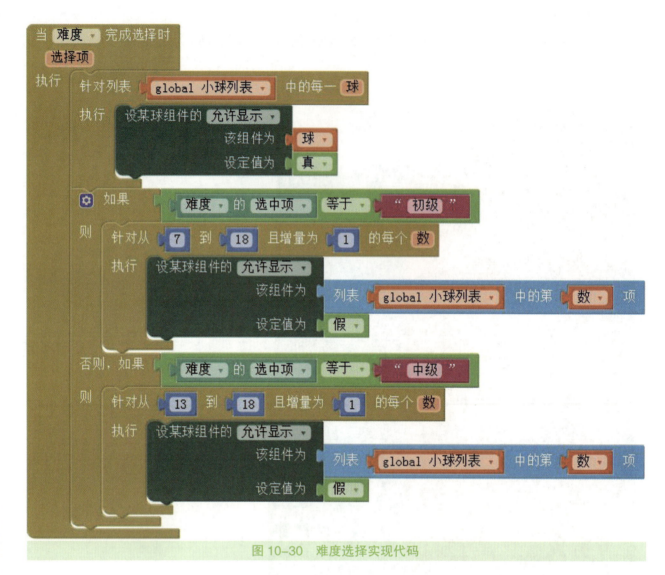

图 10-30　难度选择实现代码

（3）难度自动升级

当贪食球与其他小球碰撞时,如果碰到的小球不是白色小球,则表示误食到小毒球,游戏结束;否则,吃到了美味球,得分加 1。当得分累计到 5 时,游戏难度自动上调一级;当累计得分为 10 时,游戏再次上调一级。游戏的最高等级是"高级",如果等级达到"高级",则不管成绩为多少,难度不会再有变化。实现代码如图 10-31 所示。

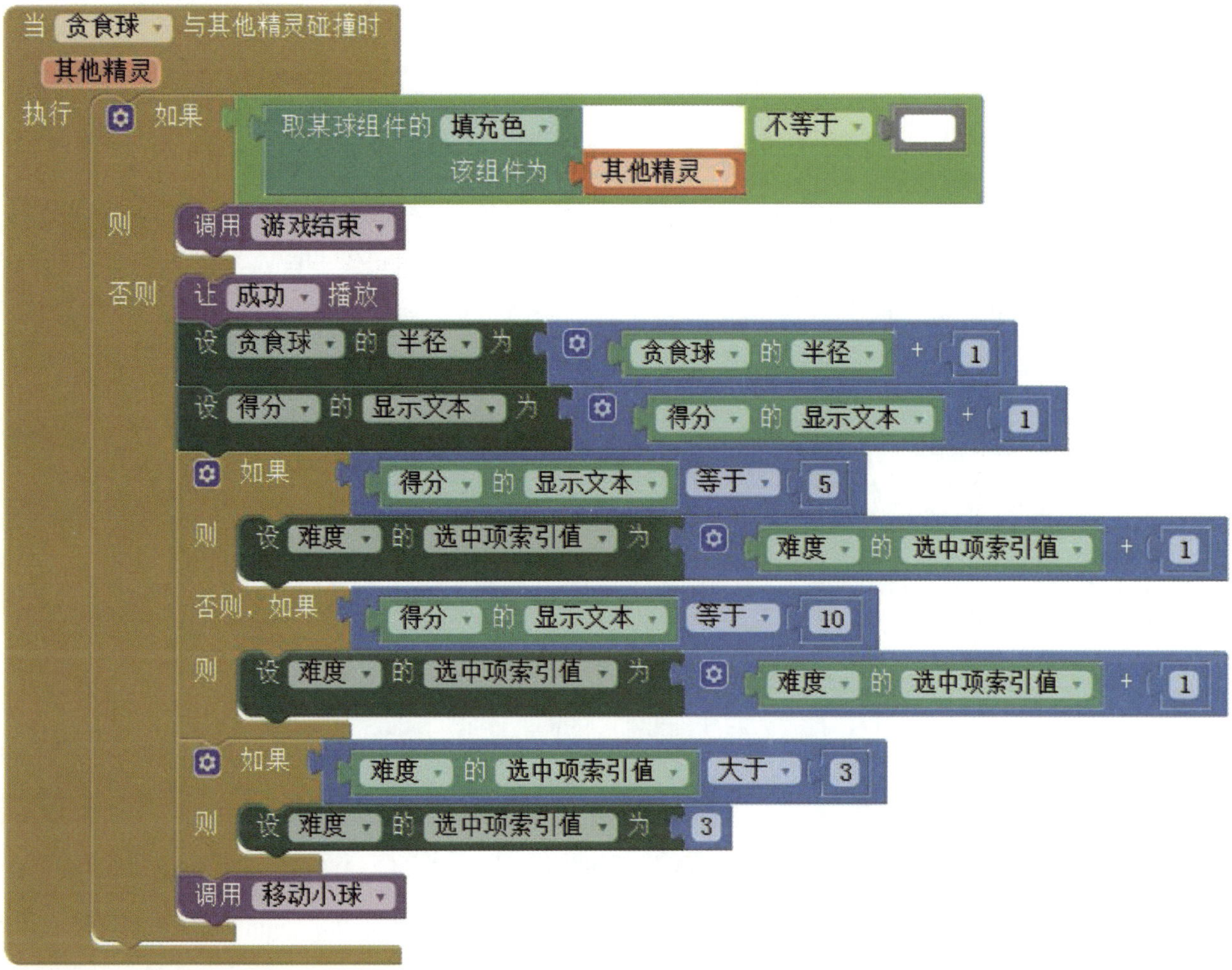

当 贪食球▾ 与其他精灵碰撞时
　　其他精灵
执行　⚙ 如果　　取某球组件的 填充色▾　　　　　　　　不等于▾
　　　　　　　　　　该组件为 其他精灵▾
　　则　　调用 游戏结束▾
　　否则　让 成功▾ 播放
　　　　　设 贪食球▾ 的 半径▾ 为　⚙ 贪食球▾ 的 半径▾ ＋ 1
　　　　　设 得分▾ 的 显示文本▾ 为　⚙ 得分▾ 的 显示文本▾ ＋ 1
　　　　⚙ 如果　　得分▾ 的 显示文本▾ 等于▾ 5
　　　　　则　设 难度▾ 的 选中项索引值▾ 为　⚙ 难度▾ 的 选中项索引值▾ ＋ 1
　　　　　否则，如果　得分▾ 的 显示文本▾ 等于▾ 10
　　　　　则　设 难度▾ 的 选中项索引值▾ 为　⚙ 难度▾ 的 选中项索引值▾ ＋ 1
　　　　⚙ 如果　　难度▾ 的 选中项索引值▾ 大于▾ 3
　　　　　则　设 难度▾ 的 选中项索引值▾ 为 3
　　　　　调用 移动小球▾

图 10-31　难度自动升级实现代码

项目 11

歼灭敌机

歼灭敌机是一款经典的休闲游戏，能够反映、训练玩家动作的敏捷性和准确性。游戏时，玩家通过向左右倾斜手机来控制大炮在水平方向上的移动；玩家单击画布能够发射炮弹，发出的炮弹会向上移动，当炮弹击中敌机时，玩家得 1 分，累计得到 10 时敌机消失，隐藏画布，弹出游戏结束、重玩和进阶按钮。

一、项目分析

利用加速传感器检测玩家左右倾斜手机的动作，并修改 X 坐标以控制大炮在水平方向上的移动。屏幕上方的敌机每隔 1 秒向右移动 10 像素的距离，当移动到右边界时，敌机重新回到屏幕左边，继续向右移动，一直循环这个过程。当玩家单击画布时，从大炮口发射一发炮弹并发出开炮的声音，炮弹（用球表示）每隔 0.1 秒向上移动 15 像素。如果炮弹没打中敌机而移到上边界时设置为不可见；如果炮弹打中（碰撞到）敌机，发出碰撞的声音，玩家得 1 分，得到 10 分时敌机消失，炮弹不可见，隐藏画布，提示游戏结束、重玩和进阶信息。游戏运行效果如图 11-1 所示。

图 11-1　游戏运行效果

二、项目目标

① 会使用"画布"面板中的"球"和"精灵"组件进行组件设计。
② 能够综合运用前面所学知识。

三、项目准备

1. 新建项目

启动 App Inventor 软件,单击菜单"项目"→"新建项目"命令,打开"新建项目"对话框,在"项目名称"文本框中输入"Plane",如图 11-2 所示,然后单击"确定"按钮。

图 11-2 新建 Plane 项目

2. 导入素材

本项目的素材包括如图 11-3 所示的两张图片和两个音频文件。在离线开发环境右下角的"素材"面板中,单击"上传文件"按钮,导入素材,如图 11-4 所示。

图 11-3 素材图片

图 11-4 导入后的素材

四、项目实施

(一)入门阶段

1. 设计流程图

入门阶段的"歼灭敌机"游戏的流程图如图 11-5 所示。

2. 组件介绍

(1)"精灵"组件

"精灵"组件只能放置在画布内,它有触摸和拖动事件,可与其他精灵和画布边界交互,可根据属性进行移动,其外观由"图片"属性指定的图片文件决定。"精灵"组件的属性如表 11-1 所示,它所包含的积木如表 11-2 所示。

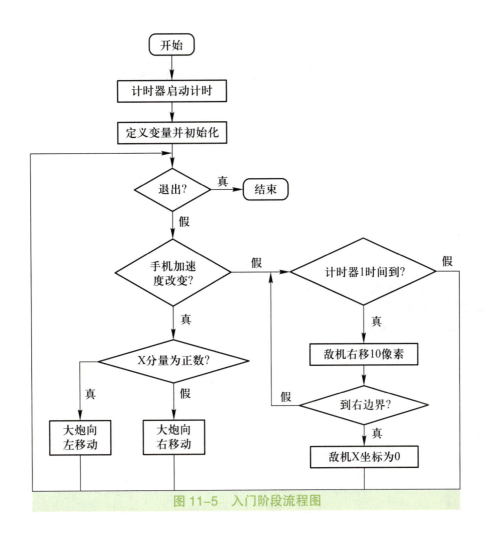

图 11-5 入门阶段流程图

★ 表 11-1 "精灵"组件的属性 ★

属性名	作用
启用	当精灵的速度不为 0 时,精灵不可用
方向	返回精灵相对于 X 轴正方向的角度来表示方向,0° 指向屏幕的右侧,90° 指向屏幕的顶端,180° 指向屏幕的左侧,270° 指向屏幕的下方
高度 / 宽度	设置图片精灵的高度 / 宽度
间隔	以毫秒数表示精灵位置更新的时间间隔。1 s=1 000 ms
图片	设置精灵的外观,输入素材图片文件名即可
旋转	勾选此复选框,则图片随精灵方向旋转
速度	设置精灵移动的速度,即精灵在每个时间间隔内移动的距离
允许显示	选中该复选框,精灵在用户界面上可见,否则不可见
X 坐标	设置精灵距左侧边界的距离,向右为增大
Y 坐标	设置精灵距顶部边界的距离,向下为增大
Z 坐标	设置相对于其他精灵的层级关系,Z 坐标大的精灵在上,Z 坐标小的精灵在下

★ 表 11-2 "精灵"组件的积木 ★

积木	类型	作用
当 大炮 与其他精灵碰撞时 / 其他精灵 / 执行	事件	该精灵与其他精灵碰撞时触发该事件,执行相关代码
当 大炮 被拖动时 / 起点X坐标 起点Y坐标 邻点X坐标 邻点Y坐标 当前X坐标 当前Y坐标 / 执行		该精灵被拖动时触发该处理事件,执行相关代码
当 大炮 碰到边界时 / 边界代码 / 执行		该精灵碰到屏幕的边界时触发该事件,执行相关代码
当 大炮 被划动时 / x坐标 y坐标 速度 方向 速度X分量 速度Y分量 / 执行		该精灵被划动时触发该事件,执行相关代码
当 大炮 与其他精灵分开时 / 其他精灵 / 执行		该精灵与其他精灵分开时触发该事件,执行相关代码
当 大炮 被按压时 / x坐标 y坐标 / 执行		该精灵被按压时触发该事件,执行相关代码
当 大炮 被释放时 / x坐标 y坐标 / 执行		该精灵被释放时触发该事件,执行相关代码
当 大炮 被触摸时 / x坐标 y坐标 / 执行		该精灵被触摸时触发该事件,执行相关代码
让 大炮 反弹 / 参数:边界代码	方法	该精灵到达边界后反弹
让 大炮 检测碰撞状态 / 参数:其他精灵		检测精灵是否碰撞到指定的其他精灵
让 大炮 移动到边界		如果精灵的一部分超出了画布边界,则将其移动回到边界,否则无影响
让 大炮 移动到指定位置 / 参数:x坐标 / 参数:y坐标		将精灵移动到指定的位置,以精灵的左上角为基准
让 大炮 转向指定位置 / 参数:x坐标 / 参数:y坐标		将精灵转向指定的位置

积木	类型	作用
让 大炮 转向指定对象 参数:目标精灵	方法	将精灵转动到与目标精灵中心点连线平行的方向
设 大炮 的 启用 为 （启用、方向、高度、间隔、图片、旋转、速度、允许显示、宽度、X坐标、Y坐标、Z坐标）	设置属性值	设置图片精灵的启用、方向、高度、间隔、图片、旋转、速度、允许显示、宽度、X 坐标、Y 坐标、Z 坐标的属性值
大炮 的 方向 （启用、方向、高度、间隔、图片、旋转、速度、允许显示、宽度、X坐标、Y坐标、Z坐标）	获取属性值	返回图片精灵的启用、方向、高度、间隔、图片、旋转、速度、允许显示、宽度、X 坐标、Y 坐标、Z 坐标的属性值

（2）计时器

"计时器"组件用于设置时间间隔，以便定时触发指定的事件。"计时器"组件的属性如表 11-3 所示，"计时器"组件的积木如表 11-4 所示。

★ 表 11-3 "计时器"组件的属性 ★

属性名	作用
一直计时	应用启动后就一直计时，默认被选中
启用计时	启动计时器，默认被选中
计时间隔	用于设置计时的时间间隔，默认值为 1 000 ms

★ 表 11-4 "计时器"组件的积木 ★

积木	类型	作用
当 计时器_球 到达计时点时 执行	事件	在计时器启动后，每经过一个时间间隔就会触发该事件一次

积木	类型	作用
让 计时器_球 增加 天数 参数:时间点 参数:数量	方法	在给定时间点增加指定的天数
让 计时器_球 增加 时长 参数:时间点 参数:数量		在给定时间点增加指定的时间长度
让 计时器_球 增加 时数 参数:时间点 参数:数量		在给定时间点增加指定的小时数
让 计时器_球 增加 分数 参数:时间点 参数:数量		在给定时间点增加指定的分钟数
让 计时器_球 增加 月数 参数:时间点 参数:数量		在给定时间点增加指定的月数
让 计时器_球 增加 秒数 参数:时间点 参数:数量		在给定时间点增加指定的秒数
让 计时器_球 增加 周数 参数:时间点 参数:数量		在给定时间点增加指定的周数
让 计时器_球 增加 年数 参数:时间点 参数:数量		在给定时间点增加指定的年数
让 计时器_球 求日期 参数:时间点		求时间点的日期值,取值范围为 1~31
让 计时器_球 求时长 参数:开始时间点 参数:结束时间点		求开始时间点到结束时间点的时间长度
让 计时器_球 求小时 参数:时间点		求指定时间点的小时值
让 计时器_球 求分钟		求指定时间点的分钟值
让 计时器1 求毫秒 参数:时间点		求自 1970 年 1 月 1 日零时起至某个时刻的毫秒数
让 计时器1 求月份 参数:时间点		求指定时间点的月份值,取值范围为 1~12
让 计时器1 求月名 参数:时间点		求指定时间点月份值对应的名字,即英文月份名

积木	类型	作用
让 计时器1 求当前时间		获取手机的当前时间,包含年、月、日、分、秒、毫秒、时区和星期等
让 计时器1 求秒 参数:时间点		求指定时间点的秒值
让 计时器1 求系统时间		求手机系统时间的毫秒值
让 计时器1 求星期 参数:时间点		求指定时间点的星期值,取值范围为 1(周日)~7(周六)
让 计时器1 求星期名 参数:时间点		求指定时间点的星期值所对应的英文名,1 对应 Sunday,2 对应 Monday……
让 计时器1 求年份 参数:时间点		求指定时间点的年份值
让 计时器1 把时长换算为天 参数:时长		把指定的时长(如小时数)转换为天数
让 计时器1 把时长换算为时 参数:时长	方法	把指定的时长转换为时数
让 计时器1 把时长换算为分 参数:时长		把指定的时长转换为分钟数
让 计时器1 把时长换算为秒 参数:时长		把指定的时长转换为秒数
让 计时器_球 把时长换算为周 参数:时长		把指定的时长转换为周数
让 计时器_球 设日期格式 参数:时间点 参数:格式 " MMM d, yyyy "		以月日年的格式设置日期
让 计时器_球 设完整时间格式 参数:时间点 参数:格式 " MM/dd/yyyy hh:mm:ss a "		以月日年小时分钟秒上/下午的格式设置时间
让 计时器_球 设时间格式 参数:时间点		用指定模式的文本表示某一时间点的日期
让 计时器1 创建时间点 参数:日期格式		用文本表示某一时间点的时间
让 计时器1 创建毫秒时间点 参数:毫秒数		根据毫秒数创建时间点,毫秒数从 1970 年开始计算

积木	类型	作用
设 计时器_球 ▾ 的 一直计时 ▾ 为 　✓ 一直计时 　　 启用计时 　　 计时间隔	赋值	设置计时器的"一直计时""启用计时"和"计时间隔"属性值
计时器_球 ▾ 的 计时间隔 ▾ 　　 一直计时 　　 启用计时 　✓ 计时间隔	返回值	返回计时器的"一直计时""启用计时"和"计时间隔"属性值

3. 组件设计

需要进行设计的组件主要有"画布""精灵""计时器"和"加速度传感器"等，组件设计效果及组件列表如图 11-6 所示，各组件的属性设置如表 11-5 所示。

图 11-6　入门阶段组件设计效果及组件列表

4. 逻辑设计

（1）手机的倾斜控制

通过左右倾斜手机，控制大炮在水平方向上左右移动。

使用"加速度传感器"组件可以实现大炮水平方向的左右移动。"加速度传感器"组件的"加速度改变时"事件的三个参数用来检测大炮的移动方向和速度。

- X 分量：当手机在平面上静止时，其值为 0；当手机越向左倾斜时（即它的右侧抬高或左

组件	所属面板	命名	作用	属性名	属性值
Screen		Screen1	承载其他组件	标题	歼灭敌机
画布	绘图动画	画布 1	精灵活动范围	宽度	充满
				高度	400 像素
精灵	绘图动画	大炮	大炮移动	高度	60 像素
				宽度	70 像素
				图片	cannon.jpg
精灵	绘图动画	敌机	敌机移动	图片	plane.png
计时器	传感器	计时器 1	计时	计时间隔	1 000 ms
加速度传感器	传感器	加速度传感器 1	检测手机倾斜方向		

侧降低,X 分量的值增大,且为正数;当手机越向右倾斜时(即它的左侧抬高或右侧降低),X 分量的值减小,且为负数。

· Y 分量:当手机在平面上静止时,其值为 0;当手机越向上倾斜(即手机顶部抬起)时,Y 分量的值增大,且为正数;当手机越向下倾斜(即手机底部抬起)时,Y 分量的值减小,且为负数。

· Z 分量:当手机朝上静置在与地面平行的平面上时,其值为 -9.8(地球的重力加速度);当手机垂直于地面(手机直立)时,其值为 0;当手机屏幕朝下平放时,其值为 9.8。

当手机向左倾斜时,大炮向左移动,X 分量的值递减 2 像素;当手机向右倾斜时,大炮向右移动,X 分量的值递加 2 像素,其实现代码如图 11-7 所示。

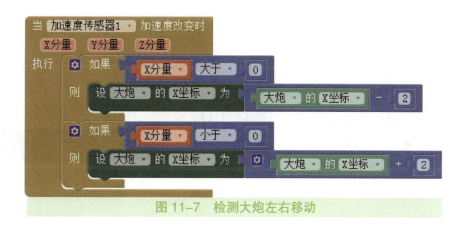

图 11-7　检测大炮左右移动

(2) 敌机右移控制

敌机每隔 1 秒,向右移动 10 像素的距离,其实现代码如图 11-8 所示。

(3) 敌机边界控制

敌机到达屏幕右边界时,将其重新置于屏幕左边,其实现代码如图 11-9 所示。

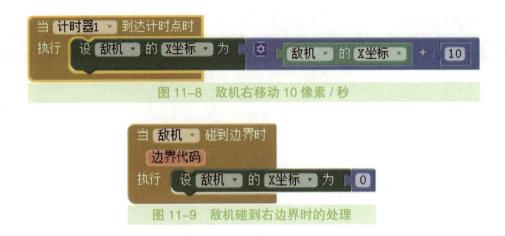

图 11-8　敌机右移动 10 像素 / 秒

图 11-9　敌机碰到右边界时的处理

5. 连接测试

通过 "AI 伴侣" App 连接手机进行测试,左右倾斜手机,大炮左右水平移动,敌机每隔 1 秒向右移动,效果如图 11-10 所示。

(二) 晋级阶段

1. 设计流程图

在图 11-5 的侦听事件(加速器,计时器)的基础上增加触摸画布、球的边界事件的侦听。程序流程图如图 11-11 所示。

2. 组件介绍

"球"是一个圆形组件,只能放在画布上,它可以响应触摸和拖动事件。可以通过修改它的属性值,实现移动效果。"球"组件与"图片"组件之间的差别在于用户可以通过设置"图片"属性来改变后者的外观,而球的外观是通过填充色及半径来改变的。"球"精灵属性表如表 11-6 所示,球精灵积木如表 11-7 所示。

图 11-10　测试效果图

3. 组件设计

在入门阶段游戏的基础上增加球、发射炮弹的声音、球打到敌机时的碰撞声音,组件设计效果及组件列表如图 11-12 所示。组件的属性设置如表 11-8 所示。

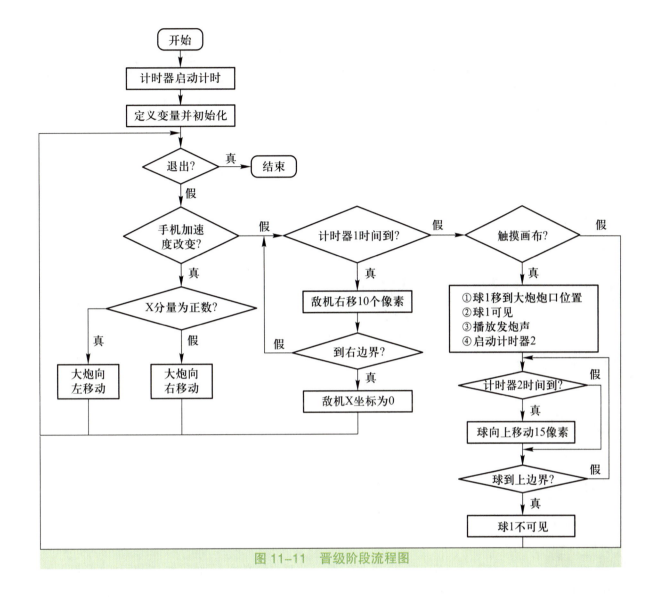

图 11-11　晋级阶段流程图

★ 表 11-6　"球"组件的属性 ★

属性名	作用
启用	当球的速度不为 0 时,精灵不可用
方向	返回球相对于 X 轴正方向的角度来表示方向,0° 为屏幕的右方向,90° 指向屏幕的顶端
间隔	以毫秒数表示球位置更新的时间间隔,1 s=1 000 ms
填充色	设置球的颜色
允许显示	选中该复选框,球在用户界面上可见,否则不可见
X 坐标	设置球距左侧边界的距离,向右为增大
Y 坐标	设置球距顶部边界的距离,向下为增大
Z 坐标	设置相对于其他球的层级关系,Z 坐标大的球在上,Z 坐标小的球在下
半径	设置球的半径大小
速度	设置球移动的速度,球在每个时间间隔内移动的距离

★ 表 11-7 "球"组件的积木 ★

积木	类型	作用
当 球1 与其他精灵碰撞时 其他精灵 执行	事件	球与其他精灵碰撞时触发该事件,并执行相关代码
当 球1 被拖动时 起点X坐标 起点Y坐标 邻点X坐标 邻点Y坐标 当前X坐标 当前Y坐标 执行		球被拖动时触发该事件,并执行相关代码
当 球1 碰到边界时 边界代码 执行		球碰到屏幕的边界触发该事件,并执行相关代码
当 球1 被划动时 x坐标 y坐标 速度 方向 速度X分量 速度Y分量 执行		球被划动时触发该事件,并执行相关代码
当 球1 与其他精灵分开时 其他精灵 执行		球与其他精灵分开时触发该事件,并执行相关代码
当 球1 被按压时 x坐标 y坐标 执行		球被按时的处理事件
当 球1 被释放时 x坐标 y坐标 执行		球被释放时触发该事件,并执行相关代码
当 球1 被触摸时 x坐标 y坐标 执行		球被触摸时触发该事件,并执行相关代码
让 球1 反弹 参数:边界代码	方法	球到达边界后反弹
让 球1 检测碰撞状态 参数:其他精灵		检测球是否碰撞到指定的其他精灵
让 球1 移动到边界		如果球的一部分超出了画布边界,则将其移动回到边界,否则无影响
让 球1 移动到指定位置 参数:x坐标 参数:y坐标		将球移动到指定的位置,以球的左上角为基准
让 球1 转向指定对象 参数:目标精灵		将球转动到与目标精灵中心点的连线平行的方向

积木	类型	作用
设 球1 的 启用 为 ✓ 启用 方向 间隔 填充色 半径 速度 允许显示 X坐标 Y坐标 Z坐标	设置属性	设置球的启用、方向、间隔、填充色、半径、速度、允许显示、X坐标、Y坐标、Z坐标等属性值
球1 的 启用 ✓ 启用 方向 间隔 填充色 半径 速度 允许显示 X坐标 Y坐标 Z坐标	返回属性值	返回球的启用、方向、间隔、填充色、半径、速度、允许显示、X坐标、Y坐标、Z坐标等属性值

图 11-12　晋级阶段的组件设计效果及组件列表

组件	所属面板	命名	作用	属性名	属性值
球	绘图动画	球 1	球移动	填充色	黄色
				半径	8 像素
				允许显示	不勾选
计时器	传感器	计时器 2	计时	启用计时	不勾选
				计时间隔	60 ms
音效播放器	多媒体	音效播放器 1	播放发射炮弹的声音	源文件	send.wav
音效播放器	多媒体	音效播放器 2	播放击中敌机的音乐	源文件	fight.wav

4. 逻辑设计

（1）打炮控制

当用户触模到画布的任意点时，球 1 移动大炮的炮口处、发出声音、设为可见、启用计时器，代码如图 11-13 所示。

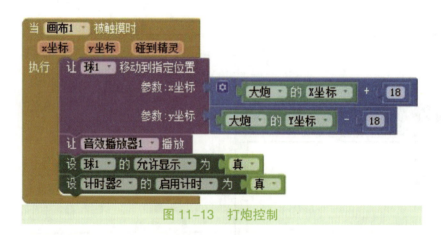

图 11-13　打炮控制

小提示　大炮的大小为 70 像素（宽）×60 像素（高），其中心位置到炮口的距离为 15 像素。本案例设置为 18 像素。

（2）球 1 不停地向上移动的控制

球 1 每隔 0.1 秒向上移动 15 像素，代码如图 11-14 所示。

图 11-14　球向上移动

（3）球 1 触碰边界的控制

当球 1 移到上边界时设置为不可见，代码如图 11-15 所示。

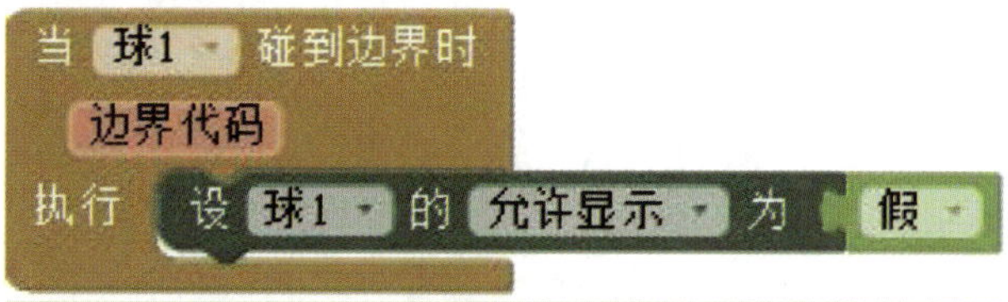

图 11-15　球移动到上边界

（4）碰撞检测

当球 1 碰撞到敌机时发出碰撞的声音、停止触发球 1 的计时器、设置球 1 消失，代码如图 11-16 所示。

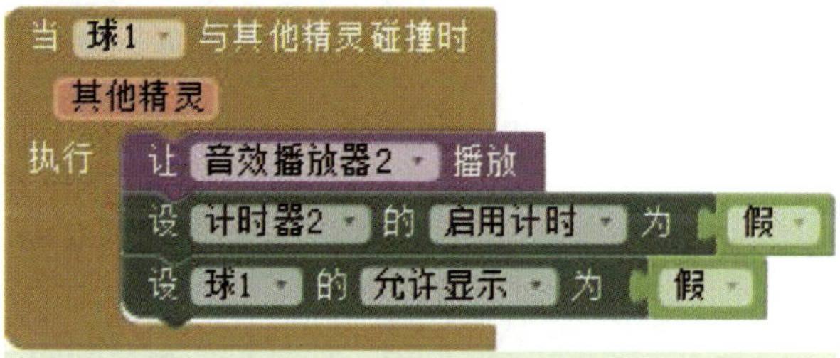

图 11-16　球 1 碰撞检测

5. 连接测试

通过"AI 伴侣"连接手机进行测试，游戏的运行效果如图 11-17 所示。

（三）达人阶段

1. 设计流程图

达人阶段"歼灭敌机"游戏的程序流程图如图 11-18 所示。

2. 组件设计

在画布的下面增加一个"水平布局"组件，其中放置两个标签和两个按钮，建议暂时隐藏画布（不勾选"允许显示"复制框），布置好后再将画布显示，组件设计效果及组件列表如图 11-19 所示，各组件的属性设置如表 11-9 所示。

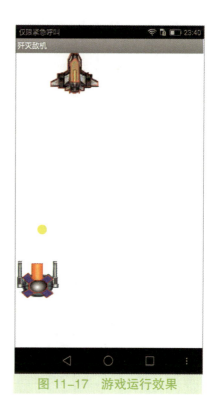

图 11-17　游戏运行效果

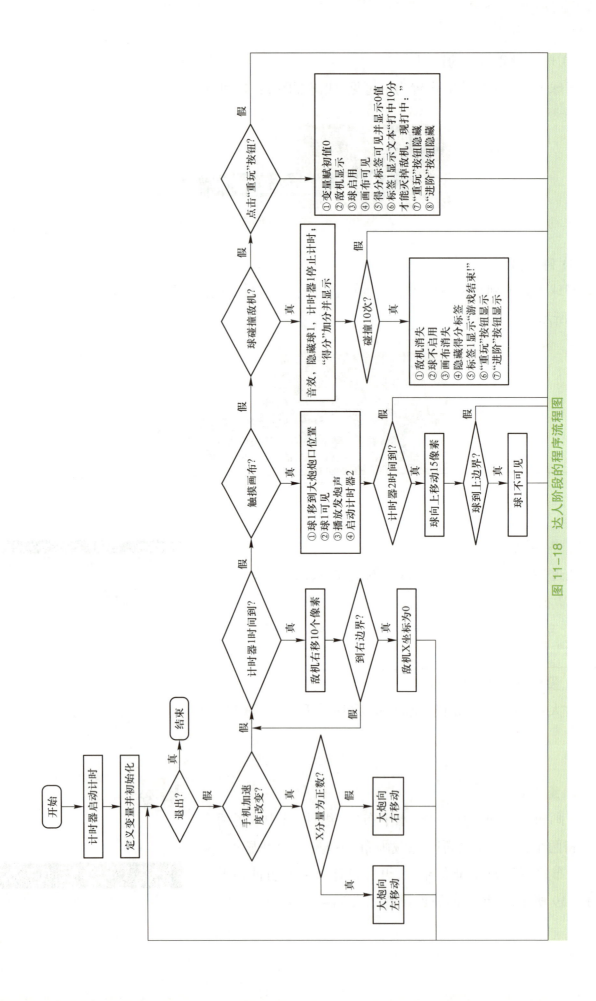

图 11-18　达人阶段的程序流程图

图 11-19　达人阶段的组件设计效果及组件列表

★ 表 11-9　组件属性设置 ★

组件	所属面板	命名	作用	属性名	属性值
水平布局	界面布局	水平布局1	水平布局	宽度	充满
标签	用户界面	标签1	显示文本	字号	15
				显示文本	打中10次才能灭掉敌机,现打中:
				文本颜色	红色
标签	用户界面	得分	显示文本	字号	15
				显示文本	
				文本颜色	红色
按钮	用户界面	按钮1	重玩	显示文本	重玩
				允许显示	不勾选
按钮	用户界面	按钮2	进阶	显示文本	进阶
				允许显示	不勾选

3. 逻辑设计

① 定义变量"我的变量"并赋值为0。

② 在图 11-16 所示的"球1与其他精灵碰撞时"事件中增加图 11-20 所示的代码。

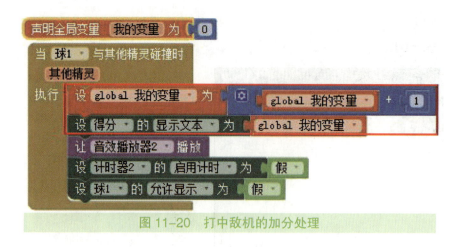

图 11-20　打中敌机的加分处理

③ 得分为 10 时敌机消失，球不可用，画布消失，得分标签隐藏，显示提示信息"游戏结束！"和"重玩""进阶"按钮，代码如图 11-21 所示，测试效果如图 11-22 所示。

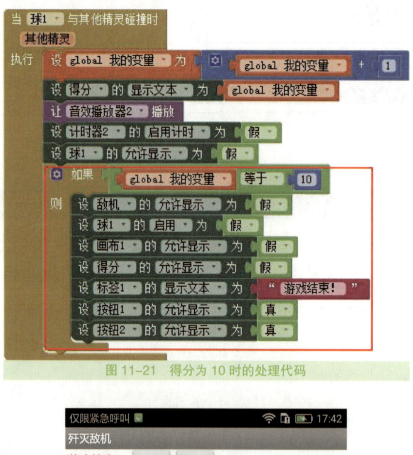

图 11-21　得分为 10 时的处理代码

图 11-22　游戏结束时的界面

④ "重玩"按钮的作用是重新设置相关参数，其代码如图 11-23 所示。

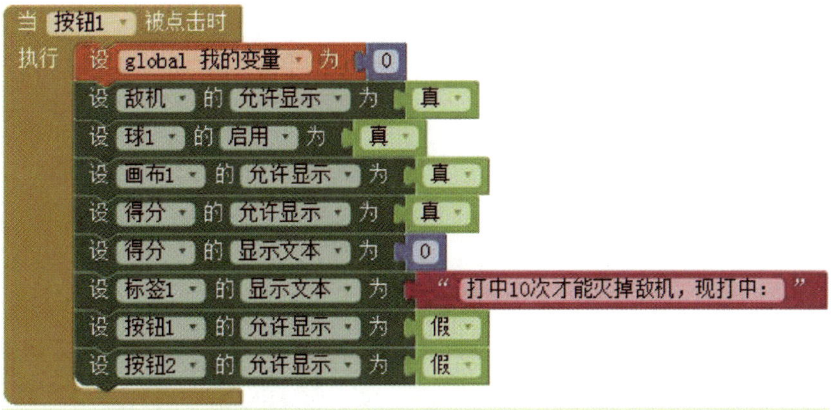

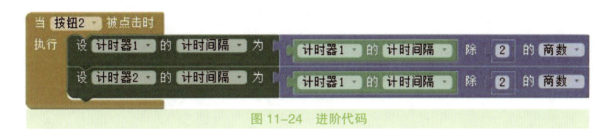

图 11-23 "重玩"按钮的代码

4. 连接测试

通过"AI 伴侣"App 连接手机进行测试，运行效果如图 11-1 所示。

五、项目拓展 ///////////////////////////////////

有些读者可能会感觉游戏的节奏有点慢，欲加快敌机和球的移动速度，单击"进阶"按钮，将敌机和球移动速度加快 1 倍。参考代码如图 11-24 所示。

图 11-24 进阶代码

超市扫描器

一、项目分析

在本项目中,我们将开发一个名为"超市扫描器"的 App,它包括两大功能:一个功能用于商品入库,另一个功能用于购买商品。用户可以根据需要选择不同的功能进行操作。运行效果如图 12-1 所示。

在"超市扫描器"这个 App 中,可以选择商品入库功能或购买商品功能。当单击"商品入

图 12-1 "超市扫描器"运行效果图

库"按钮时,可以打开商品入库功能区,单击"扫码入库商品"按钮,将打开扫描器;扫码完成后,条码信息自动显示在"商品条码"文本框中;录入商品名称和商品价格后,单击"确定入库"按钮,商品信息将显示在商品信息列表中;当对商品信息列表进行选择时,可以对商品的名称和价格进行修改及删除;单击"退出入库"按钮时,返回到功能选择区。

单击"购买商品"按钮时,可以打开购买商品功能区,单击"扫一扫"按钮,将打开扫描器;扫码完成后,会将相应的商品信息显示在购物车中;选中购物车中的条码时,可以删除购物车中的商品信息;单击"确定购买"按钮时,将弹出对话框提示购物总数和金额;单击"退出购物车"按钮时,返回功能选择区。

二、项目目标

① 掌握"条码扫描器"组件的使用方法。
② 能够对列表中的数据进行添加、删除、查询、修改等操作。
③ 理解程序的逻辑,掌握超市扫描器的工作原理。

三、项目准备

1. 新建项目

单击窗口左上方的"新建项目"按钮,打开"新建项目"对话框,如图 12-2 所示,输入项目名称"MarketScan",然后单击"确定"按钮。

2. 导入素材

本项目需要的素材包括图 12-3 所示的背景图片和几张用于测试的条码图片,读者也可以自己准备其他的商品条码进行测试。

图 12-2 新建 MarketScan 项目

四、项目实施

(一) 入门阶段

在入门阶段,我们首先开发一个能实现商品入库功能的超市扫描器,运行效果如图 12-4 所示。

图 12-3 背景图片

图 12-4 "超市扫描器"运行界面

在"超市扫描器"App 中,用户单击"扫码入库商品"按钮,系统会启用条码扫描器;当描扫条码完成时,将扫描结果显示在"商品条码"文本框中,"确定入库"按钮将启用;当录入商品名称和价格后,单击"确定入库"按钮,商品信息将显示在下方的商品信息列表框中。

1. 设计流程图

入门阶段的"超市扫描器"程序流程图如图 12-5 所示。

2. 组件介绍

(1)"条码扫描器"组件

"条码扫描器"组件主要用来获取二维码或条码中的信息,它需要调用手机的摄像头进行扫码。"条码扫描器"组件的属性如表 12-1 所示,它所包含的积木如表 12-2 所示。

★ 表 12-1 "条码扫描器"组件的属性 ★

属性名	作用
启用外部扫描器	是否选择使用外部的扫描器进行扫描

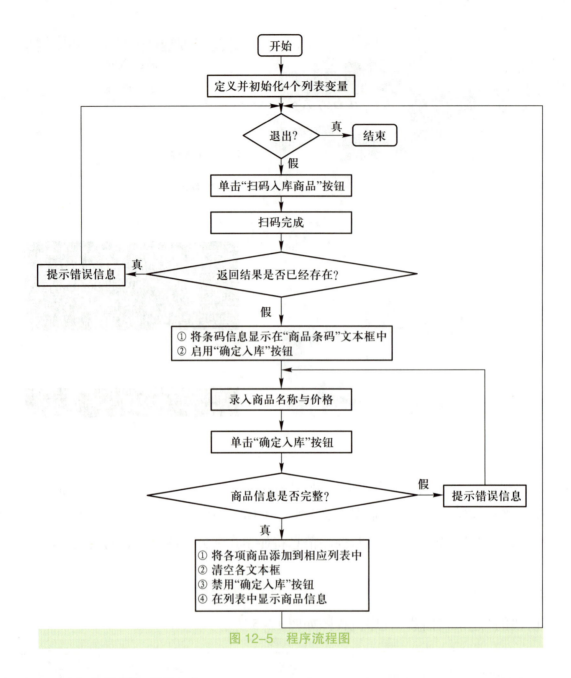

图 12-5　程序流程图

★ 表 12-2　"条码扫描器"组件的积木 ★

积木	类型	作用
让 条码扫描器1 开始扫描	方法	条码扫描器开始扫描
当 条码扫描器1 完成扫描时 返回结果 执行	事件	条码扫描器完成扫描
条码扫描器1 的 结果 ✓ 结果 启用外部扫描器	取属性值	返回条码扫描器获得的扫描结果或启用外部扫描器的结果
设 条码扫描器1 的 启用外部扫描器 为	设置属性	设置条码扫描器是否启用外部扫描器
条码扫描器1	取对象	取条码扫描器对象

（2）"列表"块

列表通常用来显示一组数据，在其他程序设计语言中一般称为"数组"。在列表中可以进行添加、删除和查找数据等操作。"列表"块包含的积木如表 12-3 所示。

★ 表 12-3 "列表"块的积木 ★

积木	作用
空列表	创建一个可包含任意项数的空列表
列表	创建一个可包含任意项数的列表
向列表 添加 项	在列表的末尾增加一项
列表 中包含项	若该对象为列表中某一项，则返回"真"；否则，返回"假"
列表 的长度	计算列表中项的个数
列表 为空	如果列表为空，则返回"真"；否则，返回"假"
列表 中的任意项	从列表中随机选取一项
项 在列表 中的位置	求该项在列表中的位置，如果不在该列表中，返回 0；否则，返回列表项的索引值
列表 中的第 项	返回指定位置的列表项
在列表 第 项处插入	在列表的指定位置插入一项
将列表 中第 项替换为	将列表中指定位置的项替换为另一项
删除列表 中第 项	删除列表中指定位置的项
将列表 追加到列表	将另一个列表追加到一个列表的末尾
复制列表	复制列表及其子列表
为列表	判断一个对象是否为列表，如果为列表，则返回"真"；否则，返回"假"
将列表 转为单行逗点分隔字串	将列表中的每一项转换成一个字符串，字符串之间用逗号分隔
将列表 转为多行逗点分隔字串	将列表中的子列表转换成单行逗点分隔字符串，而每一项之间用换行符分隔

积木	作用
将单行逗点分隔字串 转为列表	将字符串进行解析后,转换成列表
将多行逗点分隔字串 转为列表	将多行字符串进行解析后,转换成二维列表
在键值列表 中查找 ,没找到返回 " 没找到 "	返回列表中与关键字关联的数值

(3) "列表显示框"组件

"列表显示框"是"用户界面"面板中的组件,通常用来显示由文本元素组成的列表,它所包含的积木如表 12-4 所示。

★ 表 12-4 "列表显示框"组件的积木 ★

积木	类型	作用
当 列表显示框1 完成选择时 执行	事件	选择列表显示框后触发该事件,并执行相关代码
设 列表显示框1 的 背景颜色 为 ✓背景颜色 / 列表 / 逗号分隔字串 / 高度 / 高度百分比 / 选中项 / 选中项颜色 / 选中项索引值 / 显示搜索框 / 文本颜色 / 字号 / 允许显示 / 宽度 / 宽度百分比	设置属性	设置列表显示框的背景颜色等属性
列表显示框1 的 背景颜色 ✓背景颜色 / 列表 / 高度 / 选中项 / 选中项颜色 / 选中项索引值 / 显示搜索框 / 文本颜色 / 字号 / 允许显示 / 宽度	取属性值	取列表显示框的背景颜色等属性值
列表显示框1	取对象	取列表显示框组件

"列表显示框"组件的属性如表 12-5 所示。

★ 表 12-5 "列表显示框"组件的属性 ★

属性名	作用
背景颜色	设置列表显示框的背景颜色,默认为黑色
逗号分隔字串	设置列表显示框中的选项,各项之间用半角逗号分隔
选中项	设置默认的选中项
选中项颜色	设置被选中项的背景颜色
显示搜索框	设置是否显示搜索框
文本颜色	设置各选项的文本颜色

(4)"对话框"组件

"对话框"也是用户界面中常用的组件,通常用来显示提示或警告信息。"对话框"是可视化组件,该组件的相关积木如表 12-6 所示。

★ 表 12-6 "对话框"组件的积木 ★

积木	类型	作用
当 对话框1 完成选择时 / 结果 / 执行	事件	对话框完成选择时触发该事件,返回一个选择结果
当 对话框1 完成输入时 / 结果 / 执行	事件	对话框完成输入时触发该事件,返回输入结果
让 对话框1 关闭进度对话框	方法	关闭进度对话框
让 对话框1 记录错误 / 参数:消息	方法	记录错误消息
让 对话框1 记录消息 / 参数:消息	方法	记录消息
让 对话框1 记录告警 / 参数:消息	方法	记录警告信息
让 对话框1 显示告警信息 / 参数:通知	方法	显示警告信息
让 对话框1 显示选择对话框 / 参数:消息 / 参数:标题 / 参数:按钮1文本 / 参数:按钮2文本 / 参数:允许返回 真	方法	显示选择对话框,如果返回值为"真",则有"返回"按钮;否则,没有"返回"按钮

积木	类型	作用
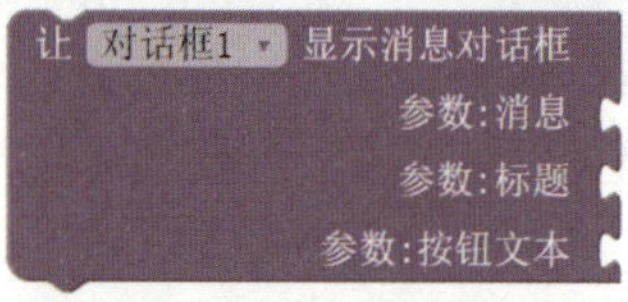 让 对话框1 显示消息对话框 参数:消息 参数:标题 参数:按钮文本	方法	显示消息对话框,提示用户输入信息
 让 对话框1 显示进度对话框 参数:消息 参数:标题	方法	显示进度对话框
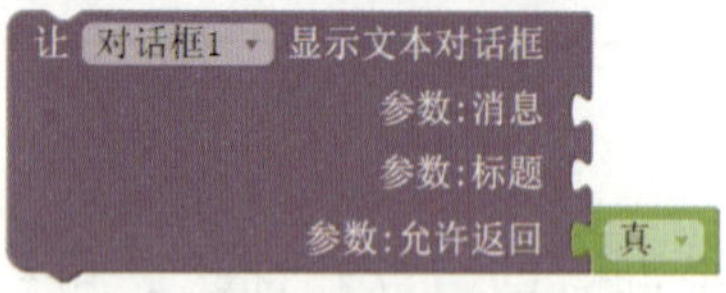 让 对话框1 显示文本对话框 参数:消息 参数:标题 参数:允许返回 真	方法	显示文本对话框
 设 对话框1 的 背景颜色 为 ✓背景颜色 文本颜色	设置属性	设置对话框的背景颜色等属性
 对话框1 的 文本颜色	取属性值	获取对话框的文本颜色
 对话框1	取对象	获取对话框组件

（5）"过程"块

"过程"块的作用是封装一段需要重复使用的代码,相当于其他程序设计语言中的函数,方便调用。"过程"块的积木如表 12-7 所示。

★ 表 12-7 "过程"块的积木 ★

积木	类型	作用
 定义过程 我的过程 执行	方法	定义一个无返回值的过程,将部分重复使用的块进行封装,方便调用
 定义过程 我的过程 返回	方法	定义一个有返回值的过程
 调用 我的过程	方法	调用已经封装的过程
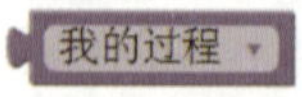 我的过程	取值	取得过程的返回值

3. 组件设计

需要进行设计的组件主要有布局组件及"标签""按钮"和"条码扫描器"组件。"按钮"组件用于控制"条码扫描器"组件,"条码扫描器"组件用于扫描条形码。在"组件面板"中,找到相应的组件,并将其拖到"工作区域"面板中,然后按照表 12-8 所示设置组件的属性。组件设计效果及组件列表如图 12-6 所示。

★ **表 12-8 组件属性设置** ★

组件	所属面板	命名	作用	属性名	属性值
Screen		Screen1	承载其他组件	标题	超市扫描器
垂直布局	界面布局	商品入库区	划分区域	宽度	充满
				水平对齐	居中
标签	用户界面	商品入库_标签	显示文字	显示文本	商品入库
				字号	20
按钮	用户界面	扫码入库商品按钮	调用商品入库条码扫描器	显示文本	扫码入库商品
表格布局	界面布局	表格布局1	排版组件	行	3
标签	用户界面	商品条码_标签	显示文字	显示文本	商品条码
标签	用户界面	商品名称_标签	显示文字	显示文本	商品名称
标签	用户界面	商品价格_标签	显示文字	显示文本	商品价格
文本输入框	用户界面	商品条码	显示商品条码	启用	假
				提示	空
文本输入框	用户界面	商品名称	录入商品名称	提示	空
文本输入框	用户界面	商品价格	录入商品价格	提示	空
				仅限数字	是
水平布局	界面布局	水平布局1			
按钮	用户界面	确定入库按钮	等待单击	显示文本	确定入库
				启用	假
列表显示框	用户界面	商品信息列表框	显示商品信息		
条码扫描器	传感器	商品入库条码扫描器	扫描条码	启用外部扫描器	假
对话框	用户界面	对话框1	弹出提示信息		

说明:在此表格中没有设置的组件属性均采用默认设置。

4. 逻辑设计

(1) 声明全局变量

声明 4 个全局变量,"商品条码""商品名称""商品价格"和"商品完整信息",如图 12-7 所示。

(2) 开始扫描

"扫码入库商品"按钮主要用来调用条码扫描器开始扫描,在扫描之前清空所有文本框,做好准备工作;扫描时必须用手机横向进行扫描,代码如图 12-8 所示。

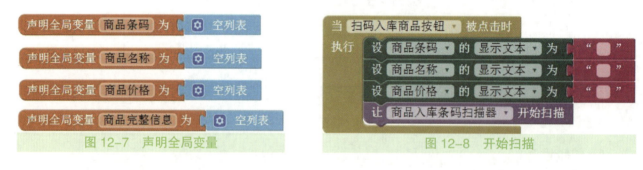

图 12-6　组件设计效果及组件列表

声明全局变量 商品条码 为 空列表

声明全局变量 商品名称 为 空列表

声明全局变量 商品价格 为 空列表

声明全局变量 商品完整信息 为 空列表

图 12-7　声明全局变量

当 扫码入库商品按钮 被点击时
执行　设 商品条码 的 显示文本 为 " "
　　　设 商品名称 的 显示文本 为 " "
　　　设 商品价格 的 显示文本 为 " "
　　　让 商品入库条码扫描器 开始扫描

图 12-8　开始扫描

（3）扫描完成

　　当条码扫描器完成扫描时,将返回一个结果,判断结果是否已经存在商品条码列表中,如果已经存在,则提示"商品已经入库",否则将返回结果显示在商品条码列表框中,并启用"确定入库"按钮,代码如图 12-9 所示。

　　（4）确定入库

　　录入商品名称和商品价格后,单击"确定入库"按钮,检查商品数据是否完整。如果不完

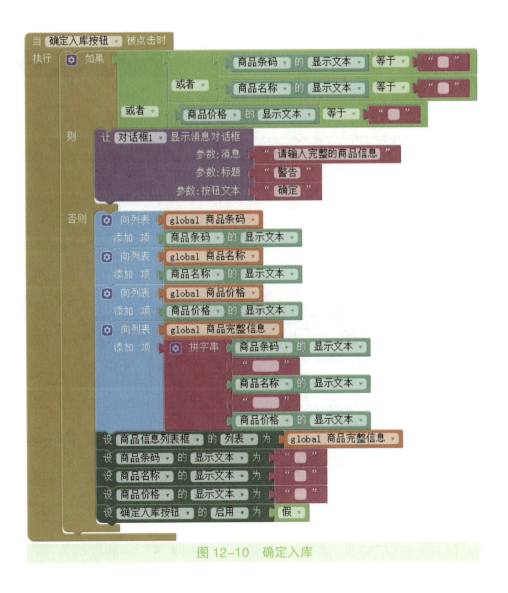

当 商品入库条码扫描器 完成扫描时
返回结果
执行　如果　项 返回结果 在列表 global 商品条码 中的位置 不等于 0
　　则　让 对话框1 显示消息对话框
　　　　　　参数:消息 "该商品已经入库!"
　　　　　　参数:标题 "警告"
　　　　　　参数:按钮文本 "确定"
　　否则　设 商品条码 的 显示文本 为 返回结果
　　　　　设 确定入库按钮 的 启用 为 真

图 12-9　完成扫描

整,则显示警告信息;否则,向各列表追加相应数据并显示在列表框中。然后清空各列表框并禁用"确定入库"按钮,为下一次的录入信息做准备,代码如图 12-10 所示。

当 确定入库按钮 被点击时
执行　如果　　　　　　　商品条码 的 显示文本 等于 " "
　　　　　或者 商品名称 的 显示文本 等于 " "
　　　或者 商品价格 的 显示文本 等于 " "
　　则　让 对话框1 显示消息对话框
　　　　　　参数:消息 "请输入完整的商品信息"
　　　　　　参数:标题 "警告"
　　　　　　参数:按钮文本 "确定"
　　否则　向列表 global 商品条码
　　　　　添加 项 商品条码 的 显示文本
　　　　　向列表 global 商品名称
　　　　　添加 项 商品名称 的 显示文本
　　　　　向列表 global 商品价格
　　　　　添加 项 商品价格 的 显示文本
　　　　　向列表 global 商品完整信息
　　　　　添加 项 拼字串 商品条码 的 显示文本
　　　　　　　　　　" "
　　　　　　　　　　商品名称 的 显示文本
　　　　　　　　　　" "
　　　　　　　　　　商品价格 的 显示文本
　　　　　设 商品信息列表框 的 列表 为 global 商品完整信息
　　　　　设 商品条码 的 显示文本 为 " "
　　　　　设 商品名称 的 显示文本 为 " "
　　　　　设 商品价格 的 显示文本 为 " "
　　　　　设 确定入库按钮 的 启用 为 假

图 12-10　确定入库

（二）晋级阶段

在入门阶段，我们制作了一个可以将商品入库的超市扫描器，但是在录入商品信息时难免会出错。因此，我们对超市扫描器进行了改进，设计效果如图 12-11 所示。

选中列表显示框中的商品信息，可以将商品显示在文本框中，以便进行修改或删除。

1. 增加的组件

增加两个"按钮"组件，其属性设置如表 12-9 所示。

2. 逻辑设计

（1）修改"扫码入库商品"按钮的代码

当启动扫描时，不允许修改商品和删除商品，所以应禁用"修改商品"和"删除商品"按钮。修改后的代码如图 12-12 所示。

图 12-11　改进后的超市扫描器

★ 表 12-9　"按钮"组件属性设置 ★

组件	所属面板	命名	作用	属性名	属性值
按钮	用户界面	修改商品按钮	等待单击	显示文本	修改商品
				启用	假
按钮	用户界面	删除商品按钮	等待单击	显示文本	删除商品
				启用	假

图 12-12　修改后的"扫码入库商品"按钮代码

（2）选择商品

单击"商品信息列表框"完成选择时，获取商品信息列表选中项的索引值，通过索引值读取商品条码、商品名称、商品价格等信息并显示在相应的文本框中，同时启用"修改商品"和"删除商品"按钮，并禁用"确定入库"按钮。代码如图 12-13 所示。

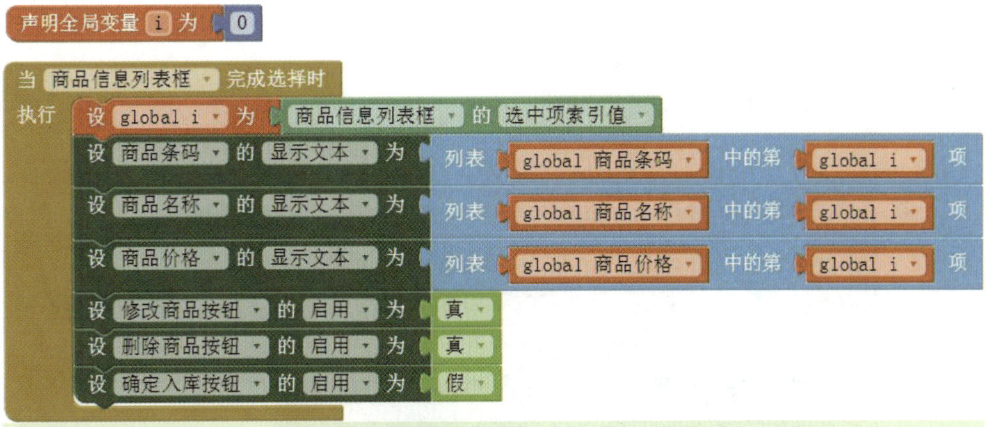

图 12-13 "商品信息列表框"完成选择

（3）修改商品信息

单击"修改商品"按钮时，检查商品信息是否完整，如果不完整则提示错误；否则，修改相应的商品信息，并更新列表显示框中的商品信息，同时禁用"修改商品"按钮和"删除商品"按钮，并清空各文本框中的信息，代码如图 12-14 所示。

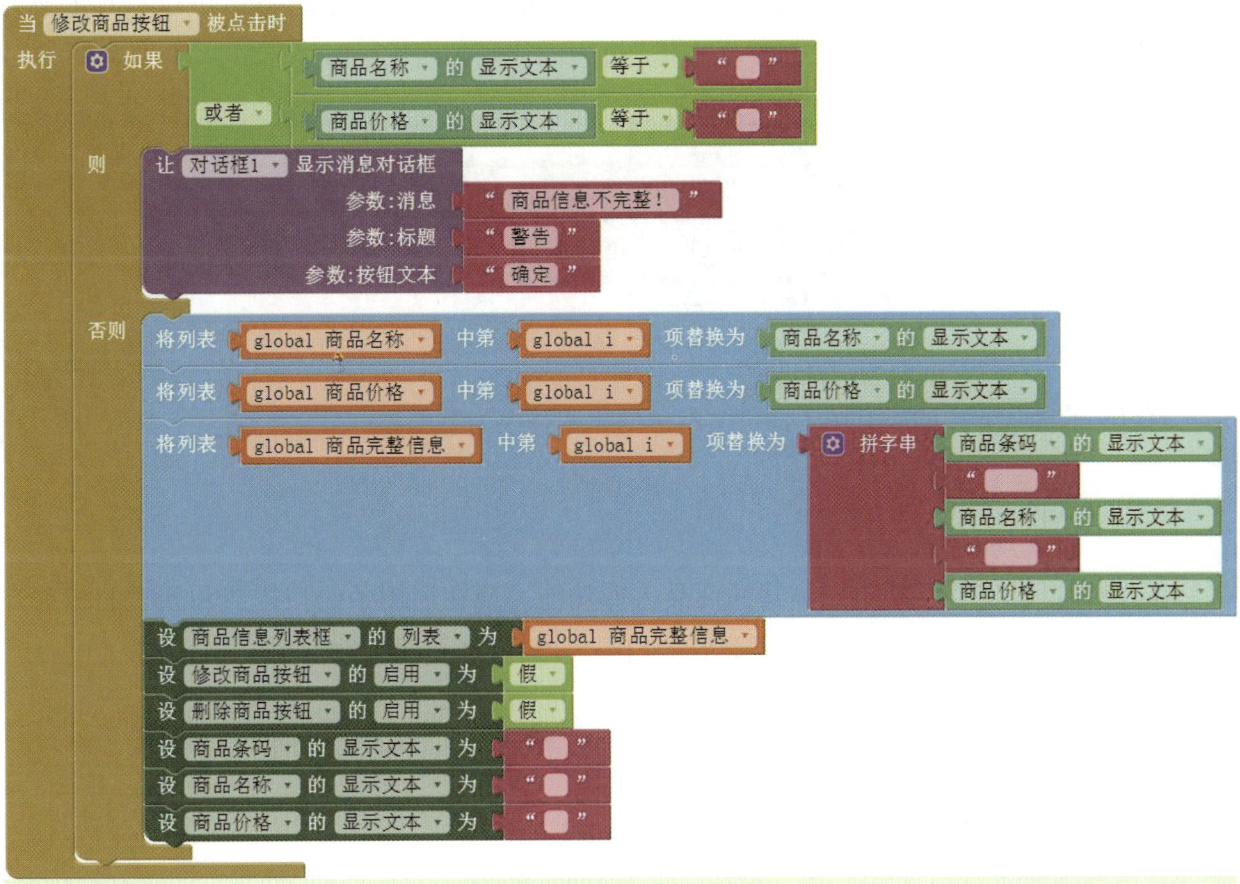

图 12-14 修改商品信息

（4）删除商品信息

单击"删除商品"按钮时,删除列表中的相应条目,并更新列表框中的数据,同时禁用"修改商品"按钮和"删除商品"按钮,并清空各文本框中的信息,代码如图 12-15 所示。

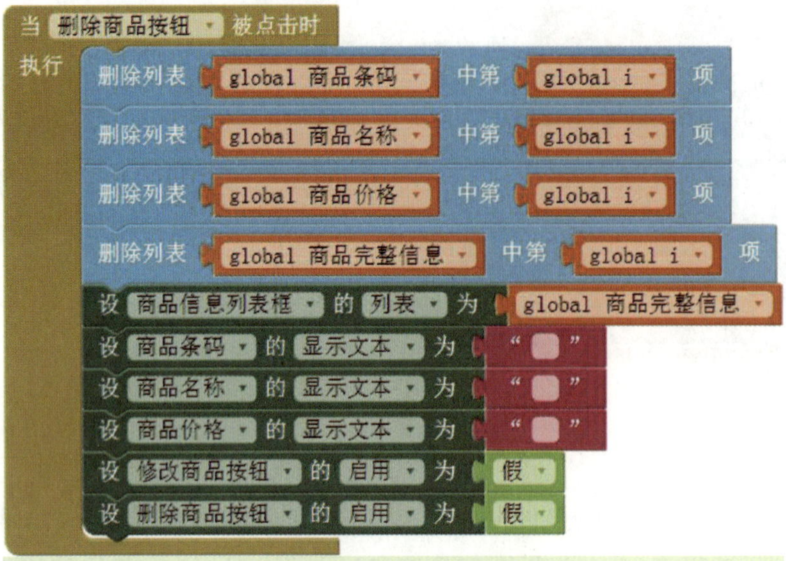

图 12-15　删除商品信息

在进行上述逻辑设计时,我们会发现,部分清空文本框的代码是重复的,可以将其定义为过程,从而减少代码冗余。定义"清空文本框"过程的代码如图 12-16 所示。

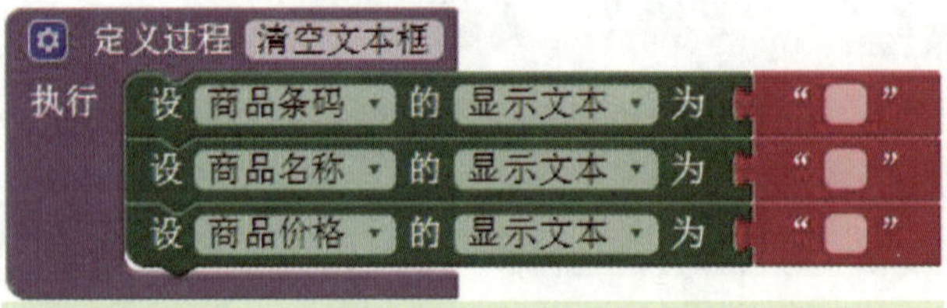

图 12-16　定义"清空文本框"过程

可以将前面代码中的所有用于清空文本框的积木替换为 调用 清空文本框 。

（三）达人阶段

在晋级阶段,完善了超市扫描器的商品入库功能。现在运用条码扫描器和列表的相关知识,增加扫码购物的功能,让超市扫描器既能扫码入库,又能扫码购物。

1. 设计流程图

扫码购物部分的流程图如图 12-17 所示。

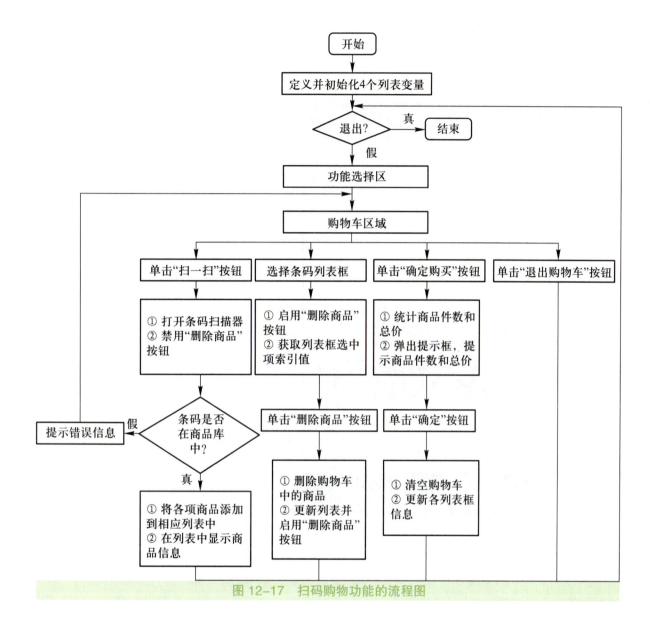

图 12-17 扫码购物功能的流程图

2. 组件设计

在晋级阶段超市扫描器的上方增加了水平布局、垂直布局、按钮、列表框和条码扫描器等组件，并上传背景图片。组件设计效果及组件列表如图 12-18 所示。新增组件的属性设置如表 12-10 所示。

3. 逻辑设计

单击"编程"按钮，对新增加的功能选择区和购物区进行逻辑设计。

（1）声明全局变量

声明并初始化 4 个全局变量，分别用来显示购物车中商品条码信息、购物车价格列表、购物车商品名称信息和存放扫描器返回结果在入库商品条码列表中的位置，如图 12-19 所示。

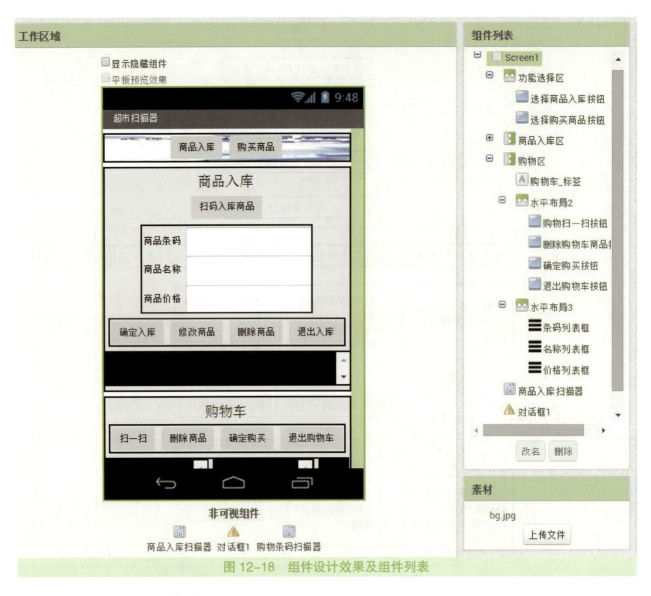

图 12-18　组件设计效果及组件列表

★ **表 12-10　新增组件的属性设置** ★

组件	所属面板	命名	作用	属性名	属性值
水平布局	界面布局	功能选择区	划分区域	宽度	充满
				高度	充满
				水平对齐	居中
				垂直对齐	居中
				背景图片	bg.jpg
按钮	用户界面	选择商品入库按钮	等待单击	显示文本	商品入库
按钮	用户界面	选择购买商品按钮	等待单击	显示文本	购买商品
按钮	用户界面	退出入库按钮	等待单击	显示文本	退出入库
垂直布局	界面布局	购物区	划分区域	宽度	充满
				水平对齐	居中

组件	所属面板	命名	作用	属性名	属性值
标签	用户界面	购物车_标签	显示文字	显示文本	购物车
水平布局	界面布局	水平布局2	水平排列四个按钮		
按钮	用户界面	购物扫一扫按钮	调用条码扫描器	显示文本	扫一扫
按钮	用户界面	删除购物车商品按钮	等待单击	显示文本	删除商品
按钮	用户界面	确定购买按钮	等待单击	显示文本	确定购买
按钮	用户界面	退出购物车按钮	等待单击	显示文本	退出购物车
水平布局	界面布局	水平布局2	排列三个列表框	宽度	充满
列表显示框	用户界面	条码列表框	显示条码	宽度	40%
列表显示框	用户界面	名称列表框	显示商品名称	宽度	40%
列表显示框	用户界面	价格列表框	显示商品价格	宽度	20%
条码扫描器	传感器	购物条码扫描器	扫描条码	启用外部扫描器	否

说明:在此表格中没有设置的组件属性均采用默认设置。

图 12-19 声明并初始化变量

(2) 屏幕初始化和功能选择区逻辑设计

程序启动后,只显示两个按钮,"商品入库"按钮和"购买商品"按钮,用户单击一个按钮,进入相应的功能区,代码如图 12-20 所示。

(3) 退出入库和退出购物车

退出入库和退出购物车时,隐藏商品入库区和购物区,显示功能选择区,代码如图 12-21 所示。

(4) 开始扫码

单击"扫一扫"按钮时,打开条码扫描器并禁用"删除商品"按钮,代码如图 12-22 所示。

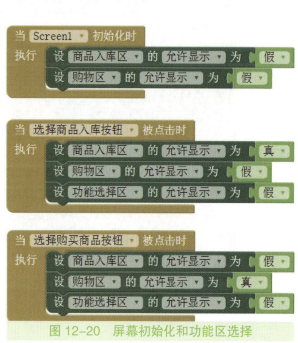

图 12-20 屏幕初始化和功能区选择

图 12-21　退出入库和退出购物车

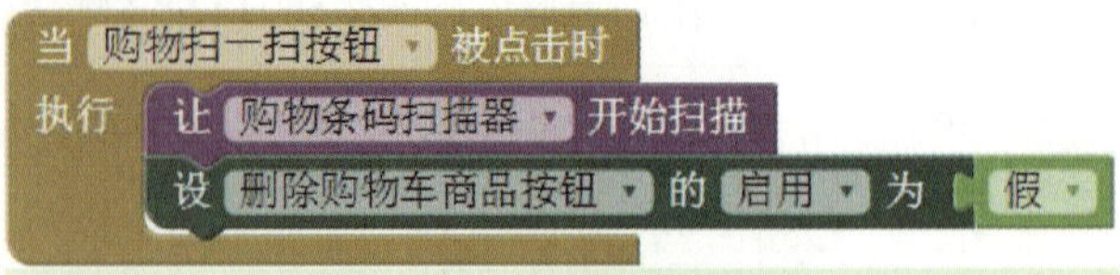

图 12-22　开始扫码

（5）扫码完成

当条码扫描器完成扫描时,判断该条码是否在入库商品条码列表中,如果不存在则提示错误,否则将商品条码值、商品名称、商品价格等插入到相应列表中的第一个位置,并更新三个列表显示框的信息,代码如图 12-23 所示。相关行为的讲解如表 12-11 所示。

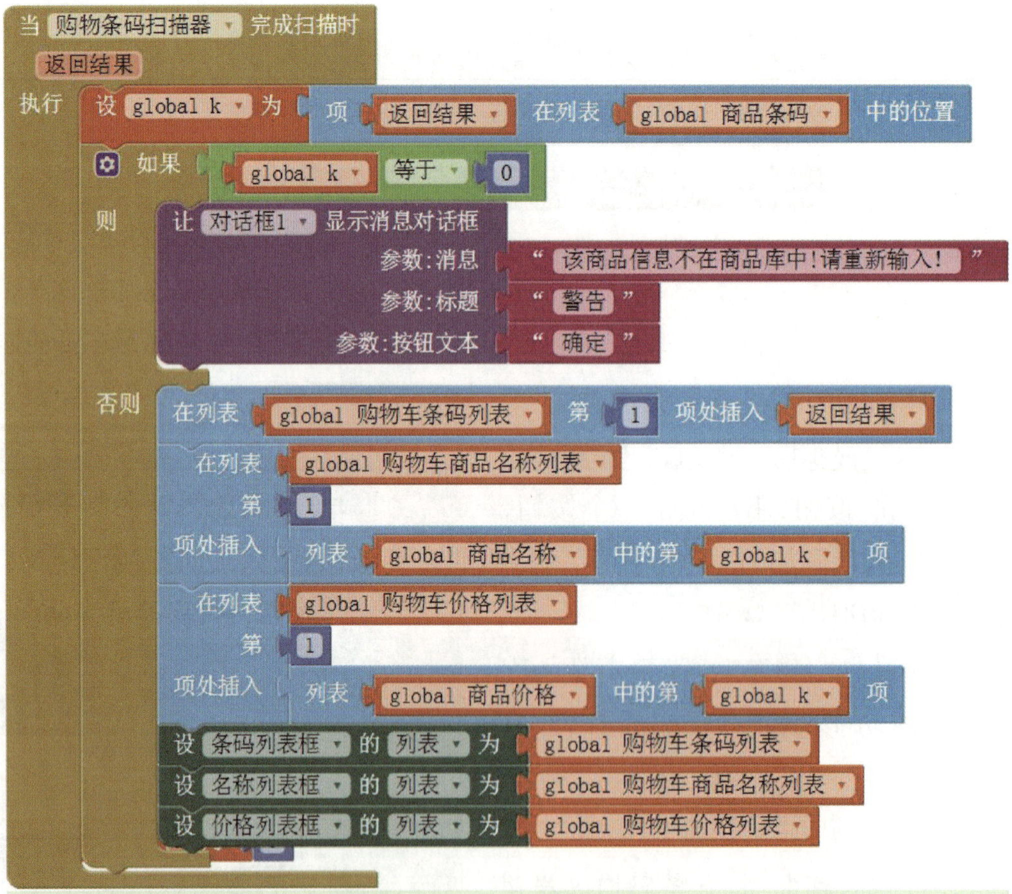

图 12-23　扫码完成

★ 表12-11　行为讲解 ★

行为	讲解
设 global k 为 项 返回结果 在列表 global 商品条码 中的位置	当条码扫描器完成扫描后,将返回的条码在商品条码列表中的位置存放在变量k中
如果 global k 等于 0 则 让 对话框1 显示消息对话框 参数:消息 "该商品信息不在商品库中!请重新输入!" 参数:标题 "警告" 参数:按钮文本 "确定"	判断超市商品库中是否存在该商品,如果位置索引值为0,则表示不存在,并提示错误
在列表 global 购物车条码列表 第 1 项处插入 返回结果	如果商品存在,直接将返回结果插入到购物车条码列表的第一项处,让最后扫码的商品条码显示在列表的顶部
在列表 global 购物车商品名称列表 第 1 项处插入 列表 global 商品名称 中的第 global k 项	根据条码位置,找到对应商品的名称,并将商品名称添加到购物车中,且最后扫码的商品名称显示在购物车的顶部
在列表 global 购物车价格列表 第 1 项处插入 列表 global 商品价格 中的第 global k 项	根据条码位置,找到对应商品的价格,并将价格添加到购物车商品价格列表中,且最后扫码商品的价格显示在购物车的顶部
设 条码列表框 的 列表 为 global 购物车条码列表	更新购物车条码列表
设 名称列表框 的 列表 为 global 购物车商品名称列表	更新购物车商品名称列表
设 价格列表框 的 列表 为 global 购物车价格列表	更新购物车价格列表

（6）选择商品条码信息

选择商品条码列表框时,启用"删除商品"按钮并将条码列表框选中项的索引值存入变量m中,以备删除时指定位置,代码如图12-24所示。

图12-24　完成商品条码选择

（7）删除商品

在条码商品列表中选中一条商品信息时,单击"删除商品"按钮,可以删除该商品的相应信息,同时更新各列表组件中的列表,并禁用"删除商品"按钮,代码如图12-25所示。

（8）购买商品

单击"购买商品"按钮时,系统会统计商品的数量和总价,并弹出对话框供用户进行确认,确定购买后会清空购物车,代码如图12-26和图12-27所示。相关的行为讲解如表12-12所示。

当 删除购物车商品按钮 ▼ 被点击时

执行 删除列表 global 购物车条码列表 ▼ 中第 global m ▼ 项

删除列表 global 购物车商品名称列表 ▼ 中第 global m ▼ 项

删除列表 global 购物车价格列表 ▼ 中第 global m ▼ 项

设 条码列表框 ▼ 的 列表 ▼ 为 global 购物车条码列表 ▼

设 名称列表框 ▼ 的 列表 ▼ 为 global 购物车商品名称列表 ▼

设 价格列表框 ▼ 的 列表 ▼ 为 global 购物车价格列表 ▼

设 删除购物车商品按钮 ▼ 的 启用 ▼ 为 假 ▼

图 12-25　删除商品

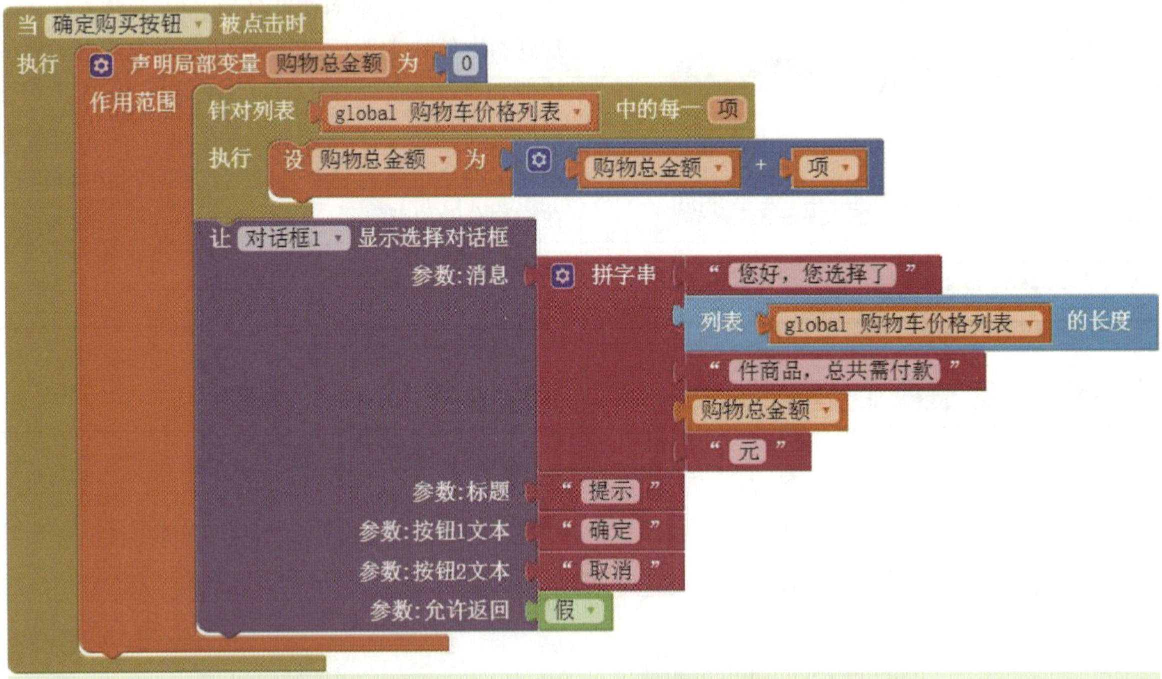

当 确定购买按钮 ▼ 被点击时

执行 声明局部变量 购物总金额 为 0

作用范围 针对列表 global 购物车价格列表 ▼ 中的每一 项

执行 设 购物总金额 ▼ 为 购物总金额 ▼ + 项 ▼

让 对话框1 ▼ 显示选择对话框

参数:消息 拼字串 "您好,您选择了"

列表 global 购物车价格列表 ▼ 的长度

"件商品,总共需付款"

购物总金额 ▼

"元"

参数:标题 "提示"

参数:按钮1文本 "确定"

参数:按钮2文本 "取消"

参数:允许返回 假 ▼

图 12-26　单击"确定购买"按钮

当 对话框1 ▼ 完成选择时

结果

执行 如果 结果 ▼ 等于 "确定"

则 设 global 购物车条码列表 ▼ 为 空列表

设 global 购物车商品名称列表 ▼ 为 空列表

设 global 购物车价格列表 ▼ 为 空列表

设 条码列表框 ▼ 的 列表 ▼ 为 global 购物车条码列表 ▼

设 名称列表框 ▼ 的 列表 ▼ 为 global 购物车商品名称列表 ▼

设 价格列表框 ▼ 的 列表 ▼ 为 global 购物车价格列表 ▼

图 12-27　确定购买

★ 表 12-12 行为讲解 ★

行为	讲解
当 确定购买按钮 被点击时 执行 声明局部变量 购物总金额 为 0 作用范围	当单击"确定购买"按钮时,定义一个局部变量"购物总金额"并赋初值为 0
针对列表 global 购物车价格列表 中的每一 项 执行 设 购物总金额 为 购物总金额 + 项	用循环代码块,统计出购物车价格列表中所有商品的总金额
让 对话框1 显示选择对话框 参数:消息 拼字串 "您好,您选择了" 列表 global 购物车价格列表 的长度 "件商品,总共需付款" 购物总金额 "元" 参数:标题 "提示" 参数:按钮1文本 "确定" 参数:按钮2文本 "取消" 参数:允许返回 假	将商品数量和总金额显示在对话框中,用户可以选择确定或取消
如果 结果 等于 "确定" 则	如果单击对话框中的"确定"按钮,执行相关代码
设 global 购物车条码列表 为 空列表 设 global 购物车商品名称列表 为 空列表 设 global 购物车价格列表 为 空列表 设 条码列表框 的 列表 为 global 购物车条码列表 设 名称列表框 的 列表 为 global 购物车商品名称列表 设 价格列表框 的 列表 为 global 购物车价格列表	单击"确定"按钮后,重置"购物车条码列表""购物车商品名称列表"和"购物车价格列表"变量,并更新条码列表框、名称列表框和购物车价格列表框的列表值

4. 连接测试

至此,"超市扫描器"App 已经编写完毕。可通过"AI 伴侣"App 连接手机进行测试,运行效果如图 12-1 所示。

五、项目拓展

在我们开发的"超市扫描器"App 中,商品的入库、购买等信息是使用多个一维列表来实现的。是否可以使用二维列表来存放数据,从而简化代码呢?请读者思考完成。二维表的形式如表 12-13 所示,表中数据仅供参考,读者需自己准备商品条码等数据。

读者在学完数据库组件后,可以对"超市扫描器"程序做进一步的改进,将商品库存和购物车商品信息变成可以永久保存的数据,并添加"库存数量"等字段,开发出一个功能更加完善的"超市扫描器"程序。

商品条码	商品名称	商品价格 / 元
6901234567892	7 号电池	7.90
9787302048299	JQuery 教材	39.90
4012345678901	藿香正气水	13.80

项目拓展的完整代码可从 Abook 网站下载（详见书末的"郑重声明"页）。

项目 13

点菜系统

一、项目分析

在本项目中,我们使用"文本输入框""按钮""列表显示框""列表选择框""本地数据库"等组件来制作一个"点菜系统",其运行效果如图 13-1 所示。

图 13-1 "点菜系统"App 运行效果图

点菜系统由三个模块组成:编辑菜谱、点菜端和厨房端。

菜谱是一个二维表,包含品名和单价,如表 13-1 所示。

★ 表 13-1 菜谱 ★

品名	单价 / 元	品名	单价 / 元
红烧肉	20	宫保鸡丁	35
鱼香茄子	25	木须肉	20

"编辑菜谱"模块的功能是对菜谱进行添加、修改、删除、清空等操作。

"点菜端"模块的功能是通过选择台号(模拟台号:1~3号)、品名和数量,生成一个菜单的二维表,如表13-2所示。

★ 表13-2　菜单 ★

台号	品名	数量(份)
1	鱼香茄子	2
1	宫保鸡丁	4
1	木须肉	3

"厨房端"模块的功能是通过选择台号查看与此台号相关的菜品信息。

二、项目目标

① 能够创建多个屏幕,并实现屏幕之间的跳转。

② 能够用多个一维列表表示一个二维表。

③ 能够使用"列表显示框"组件选择列表项。

④ 能够对列表进行增、删、改等操作。

⑤ 会用本地数据库进行数据的存取操作。

三、项目准备

1. 新建项目

单击窗口上部左侧的"新建项目"按钮,打开"新建项目"对话框,如图13-2所示,输入项目名称"Menu",然后单击"确定"按钮。

图13-2　新建 Menu 项目

2. 导入素材

本项目需要的素材只有一张图片，如图 13-3 所示，用作 App 的背景。请将此素材图片导入项目之中。

四、项目实施

（一）入门阶段

在入门阶段，先制作一个功能选择页面。效果如图 13-4 所示。在功能选择页面中，单击"编辑菜谱"按钮，可跳转到编辑菜谱页面；单击"点菜端"按钮，可跳转到点菜页面；单击"厨房端"按钮，可跳转到厨房端页面。

图 13-3　素材图片

图 13-4　功能选择页面

1. 设计流程图

功能选择页面的程序流程图如图 13-5 所示。

2. Screen 组件介绍

在 App Inventor 中，Screen 组件是承载所有其他组件的载体，任何新建项目中，都包含一个名为 Screen1 的 Screen 组件。在设计项目的过程中，通过单击"添加屏幕"按钮可以添加屏幕，单击"删除屏幕"按钮可以删除屏幕。除了第一屏幕固定为 Screen1 外，用户创建的屏幕可以

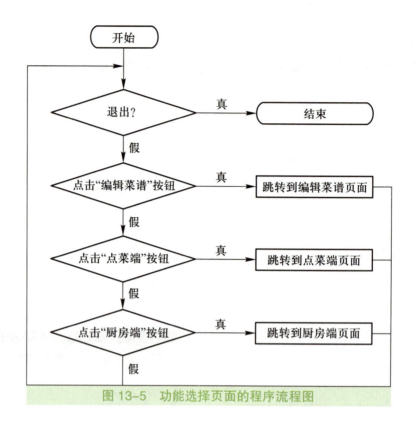

图 13-5　功能选择页面的程序流程图

修改名称或删除。

这里所说的"屏幕"就是 App 中的页面,选择屏幕(如图 13-6 所示)就是选择页面,添加屏幕(如图 13-7 所示)就是新建页面,删除屏幕(如图 13-8 所示)就是删除页面。

本项目中需要新建 3 个屏幕,分别是 Screen_bianjicaipu、Screen_chufangduan 和 Screen_diancaiduan,如图 13-6 所示。

3. 组件设计

需要设计的组件主要有三个按钮和一个垂直布局。三个按钮分别用于打开对应的页面。找到相应的组件,并将其拖到"工作区域"面板中,然后按照如表 13-3 所示设置相关属性。设计效果及组件列表如图 13-9 所示。

4. 逻辑设计

编写三个按钮的事件代码,使得单击"编辑菜谱"按钮时可以跳转编辑菜谱页面,单击"点菜端"按钮时可以跳转点菜端页面,单击"厨房端"按钮时可以跳转厨房端页面,如图 13-10 所示。

(二) 晋级阶段

在入门阶段,我们制作了一个功能选择页面。这个阶段我们制作编辑菜谱页面,通过该页面可以添加、修改、删除或清空菜谱,效果如图 13-11 所示。

图 13-6　选择屏幕

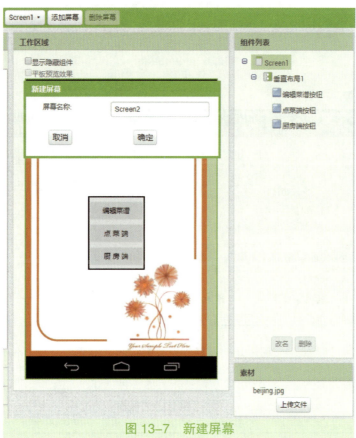

图 13-7　新建屏幕

★ 表 13-3 组件属性设置 ★

组件	所属面板	命名	作用	属性名	属性值
Screen		Screen1	承载其他组件	标题	点菜系统 – 功能选择
				背景图片	beijing.jpg
				垂直对齐	居中
				水平对齐	居中
垂直布局	界面布局	垂直布局 1	垂直显示按钮	宽度	30%
按钮	用户界面	编辑菜谱按钮	跳转到编辑菜谱页面	宽度	充满
				显示文本	编辑菜谱
按钮	用户界面	点菜端按钮	跳转到点菜端页面	宽度	充满
				显示文本	点菜端
按钮	用户界面	厨房端按钮	跳转到厨房端页面	宽度	充满
				显示文本	厨房端

Android 积木式编程开发——App Inventor 2018 离线中文版(第 2 版) / 188

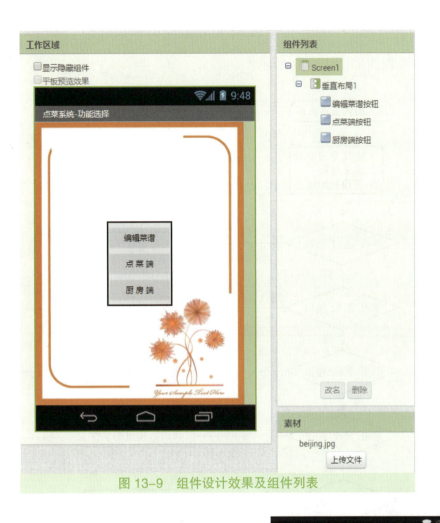

图 13-9　组件设计效果及组件列表

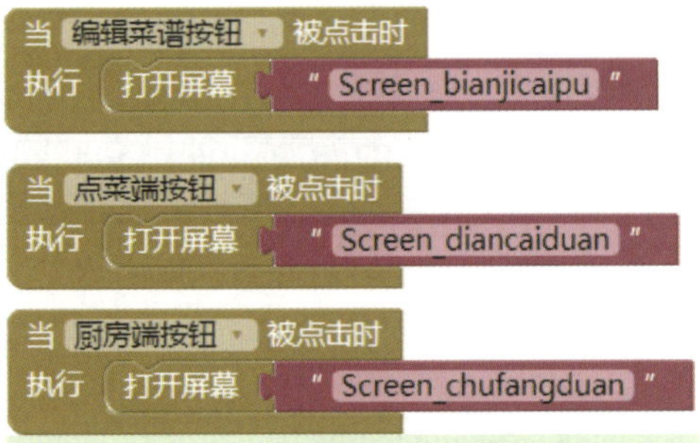

图 13-11　编辑菜谱页面效果

图 13-10　按钮的事件代码

1. 设计流程图

编辑菜谱页面的流程图如图 13-12 所示。

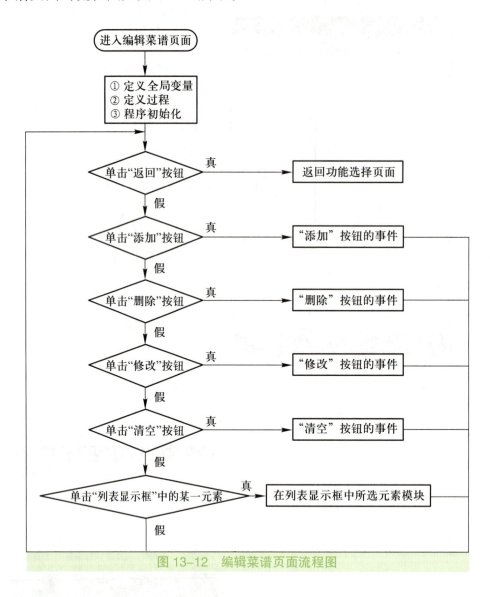

图 13-12　编辑菜谱页面流程图

2. 组件介绍

本项目中将使用"本地数据库"组件存储菜谱的相关数据。"本地数据库"组件的积木如表 13-4 所示。

★ 表 13-4　"本地数据库"组件的积木 ★

积木	类型	作用
让 本地数据库1 清除全部	事件	删除数据库内容
让 本地数据库1 请求数据 参数标记 参数无标记返回 ""	返回值	获取数据标记

积木	类型	作用
让 本地数据库1▾ 保存数据 参数:标记 ◢ 参数:存储数据 ◢	命令	保存数据的标记和存储数据
让 本地数据库1▾ 获取标记	取属性值	获取数据库标记
本地数据库1▾	取属性值	获取数据库
让 本地数据库1▾ 清除标记 参数:标记 ◢	命令	清除数据库标记

3. 组件设计

需要进行设计的组件主要有表格布局、水平布局、列表显示框、文本输入框、本地数据库、标签和按钮等。按钮以水平布局排列,标签、文本输入框以表格布局排列;按钮分别用于添加、删除、修改或清空菜谱;文本输入框用于输入品名和单价,生成品名列表和单价列表;列表显示框用于将品名列表中的项与单价列表中的项一一对应显示。找到相应的组件,并将拖到"工作区域"面板中,然后按照如表 13-5 所示设置相关属性。组件设计效果及组件列表如图 13-13所示。

★ 表 13-5　组件列表 ★

组件	所属面板	命名	作用	属性名	属性值
Screen		Screen_bianjicaipu	制作编辑菜谱页面	标题	点菜系统－编辑菜谱
表格布局	界面布局	输入表格布局		列数	2
				行数	2
				宽度	充满
标签	用户界面	品名显示标签		显示文本	品名:
标签	用户界面	单价显示标签		显示文本	单价:
文本输入框	用户界面	品名输入框	输入品名	提示	请输入品名
文本输入框	用户界面	单价输入框	输入单价	提示	请输入数量
水平布局	界面布局	按钮水平布局			
按钮	用户界面	添加按钮	将输入框文本数据添加到列表显示框中	宽度	充满
				显示文本	添加
按钮	用户界面	删除按钮	将列表显示框中的选中项删除	宽度	充满
				显示文本	删除
按钮	用户界面	修改按钮	修改列表显示框中的选中项	宽度	充满
				显示文本	修改

组件	所属面板	命名	作用	属性名	属性值
列表显示框	用户界面	列表显示框1	显示数据库中的数据	高度	充满
				宽度	充满
				字号	20
本地数据库	数据存储	本地数据库1	保存数据		
按钮	用户界面	清空按钮	将列表显示框中的信息删除并清空数据库	宽度	充满
				显示文本	清空
按钮	用户界面	返回按钮	将列表显示框中的数据上传到本地数据库并返回菜单选择	宽度	充满
				显示文本	返回
对话框	用户界面	对话框1	显示输入框是否为空		

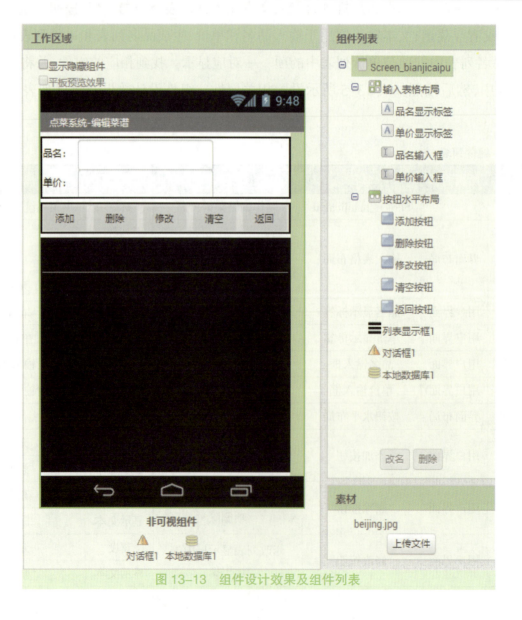

图 13-13 组件设计效果及组件列表

4. 逻辑设计

（1）声明全局变量

声明全局变量"品名列表"并赋初值为"空列表"，用于储存品名数据；声明全局变量"单价列表"并赋初值为"空列表"，用于储存单价数据；声明全局变量 index 并赋初值为 0；变量 index 用于保存列表显示框选中项的索引值，0 表示列表显示框没有被选中，如图 13-14 所示。

（2）定义过程

① 定义"将列表存入数据库"的过程：让数据库保存品名列表和单价列表；将输入框的显示文本设为空，并隐藏键盘；将 index 变量设为 0，如图 13-15 所示。

图 13-14　声明全局变量

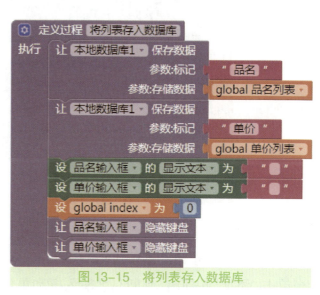

图 13-15　将列表存入数据库

② 定义"显示品名单价"过程：声明局部变量"品名单价列表"并赋初值为"空列表"，因为品名列表的长度和单价列表的长度相同，所以执行针对从 1 到品名列表的长度或单价列表的长度、增量为 1 的循环，向品名单价列表添加品名列表和单价列表的每一项。列表显示框的列表为品名单价列表，如图 13-16 所示。

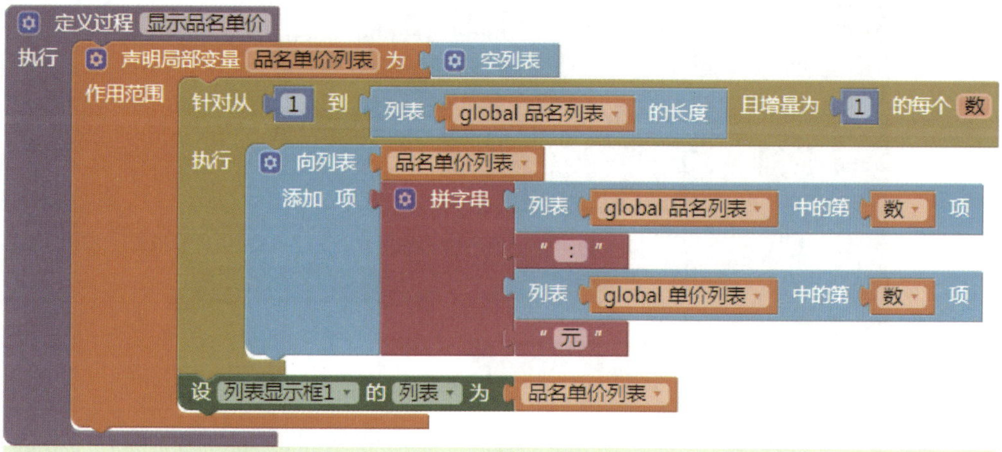

图 13-16　显示品名单价

（3）程序初始化

初始化时，判断数据库是否有数据，如果数据库不为空，则变量"品名列表"和"单价列表"从数据库中获取相对应的值，否则返回空列表；列表显示框的列表为品名单价列表，如图13-17所示。

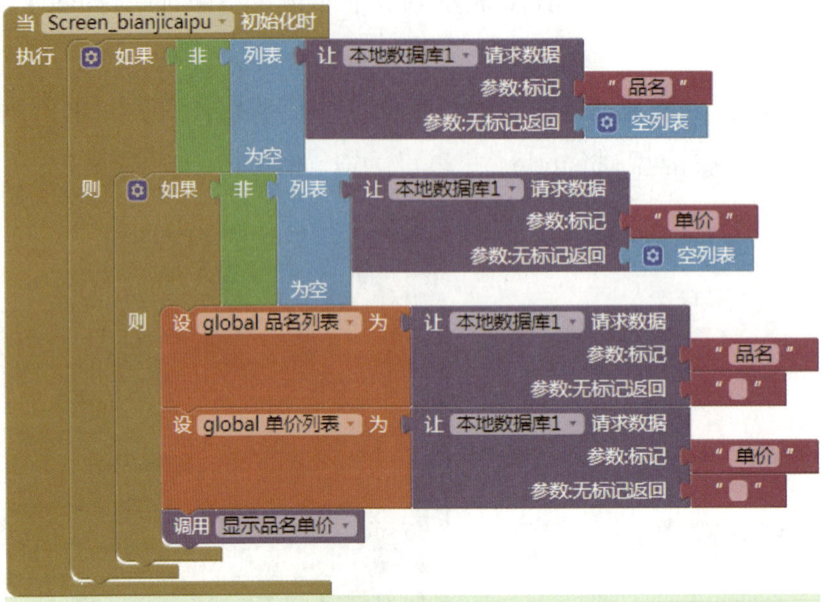

图 13-17　初始化

（4）编写"添加"按钮的事件代码

当单击"添加"按钮时，判断品名输入框和单价输入框是否为空；如果不为空，则分别向品名列表、单价列表添加品名输入框、单价输入框中的显示文本，调用将列表存入数据库、显示品名与单价的过程；否则，弹出对话框，显示未输入品名和单价，如图13-18所示。

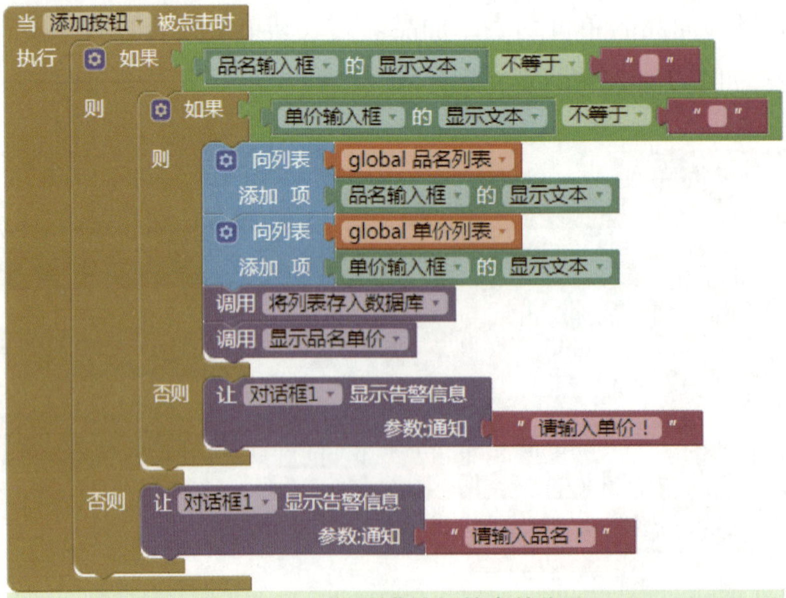

图 13-18　"添加"按钮的事件代码

Android 积木式编程开发——App Inventor 2018 离线中文版（第 2 版）

（5）编写"删除"按钮的事件代码

当单击"删除"按钮时，判断全局变量 index 是否为 0，若 index 不为 0 则删除品名列表、单价列表中的 index 项；否则，提示未选择品名和单价，调用将列表存入数据库、显示品名与单价的过程，如图 13-19 所示。

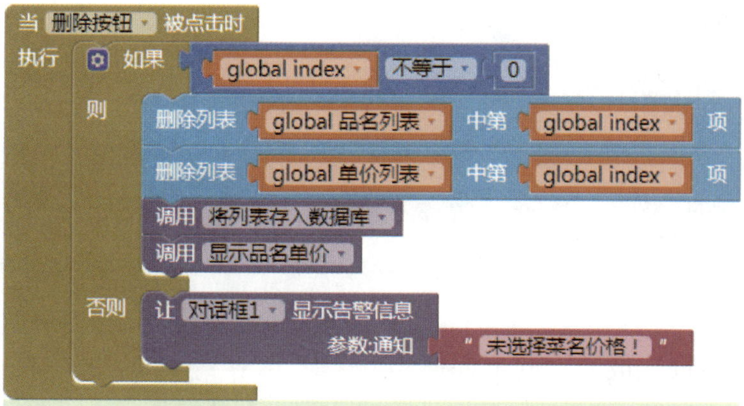

图 13-19 "删除"按钮的事件代码

（6）编写"修改"按钮的事件代码

当单击"修改"按钮时，判断全局变量 index 是否为 0，若 index 不为 0 则将品名列表、单价列表中的 index 项改为所对应的输入框显示文本，调用将列表存入数据库、显示品名与单价的过程；否则提示未选择修改项，如图 13-20 所示。

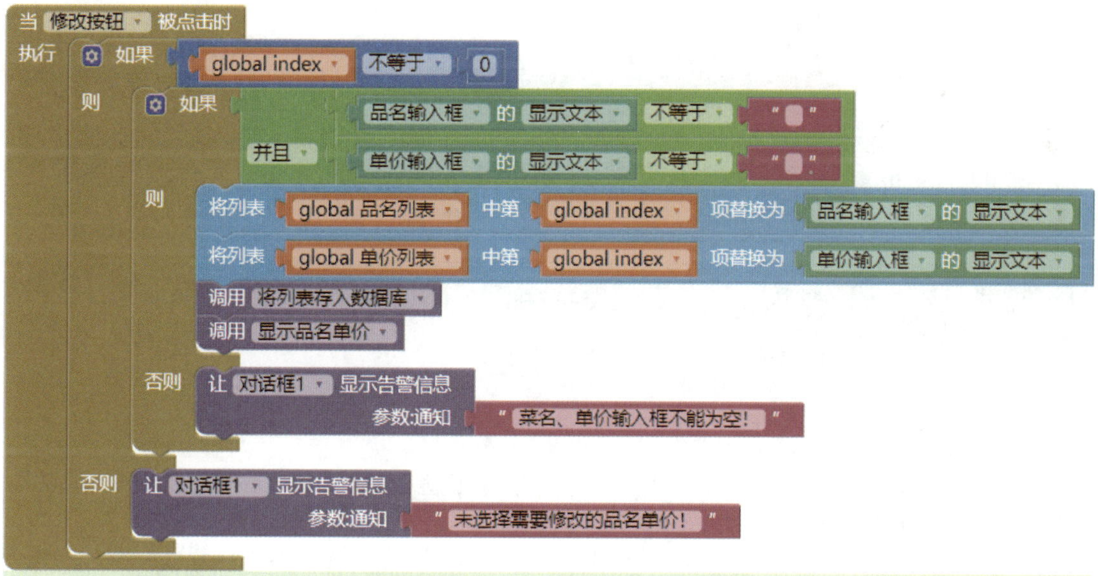

图 13-20 "修改"按钮的事件代码

（7）编写"清空"按钮的事件代码

当单击"清空"按钮时，清空数据库，设输入框显示文本为空，设品名列表、单价列表、列表显示框中的列表为空列表，提示已清空数据，如图 13-21 所示。

（8）编写"返回"按钮的事件代码

当单击"返回"按钮时，打开 Screen1，即返回功能选择页面，如图 13-22 所示。

图 13-21 "清空"按钮的事件代码

图 13-22 "返回"按钮的事件代码

（9）编写列表显示框完成选择的事件代码

当在列表显示框中完成选择时，判断全局变量 index 是否为 0，如果 index 为 0，则将 index 的值设为列表显示框选中项的索引值，选中项的颜色改为灰色，品名输入框的文本为品名列表的第 index 项，单价输入框的文本为单价列表的第 index 项；如果 index 等于列表显示框的选中项索引值，则将 index 的值改为 0，选中项颜色改为黑色，清空品名输入框和单价输入框中的文本，如图 13-23 所示。

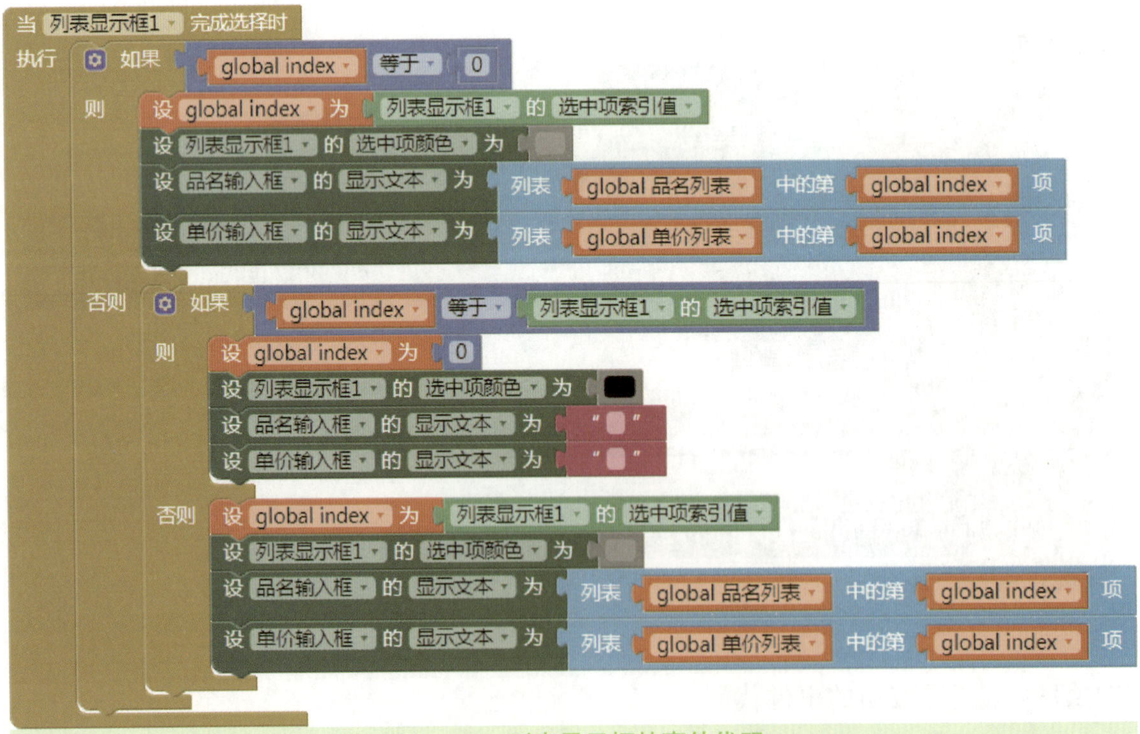

图 13-23 列表显示框的事件代码

（三）达人阶段

下面将在晋级阶段的基础上添加点菜端页面和厨房端页面。

1. 点菜端页面

单击"选择台号"列表选择框，可获取台号列表的选中项；单击"选择品名"列表选择框，可获取品名和单价；单击"选择数量"列表选择框获取顾客点菜的数量；单击"删除"按钮，可删除列表选中项；单击"提交"按钮，将列表显示框数据传递到本地数据库中；单击"取消"按钮，将列表和数据库中相关数据删除；单击"返回"按钮，返回菜单选择页面，页面效果如图 13-24 所示。

2. 厨房端页面

通过单击"台号"按钮选择台号，查看与此台号相关的菜品信息，如图 13-25 所示。

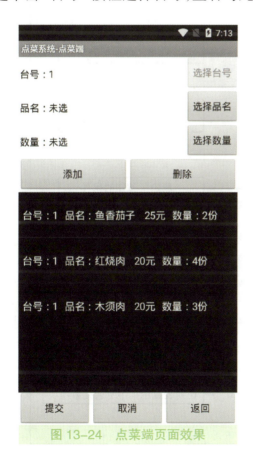

图 13-24 点菜端页面效果

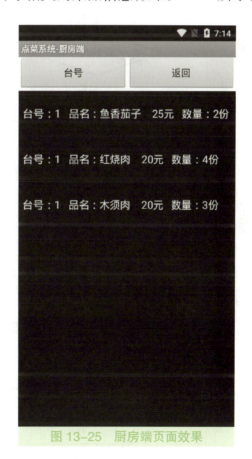

图 13-25 厨房端页面效果

（1）设计流程图

点菜端页面的流程图如图 13-26 所示。

厨房端页面流程图如图 13-27 所示。

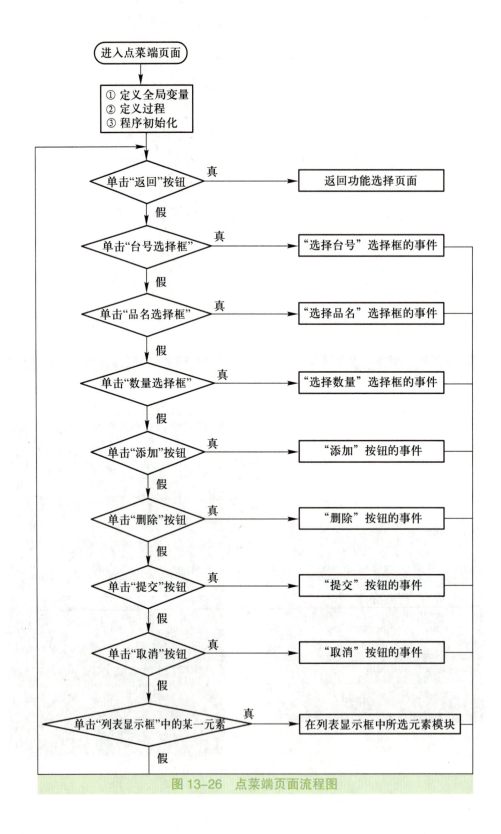

图 13-26　点菜端页面流程图

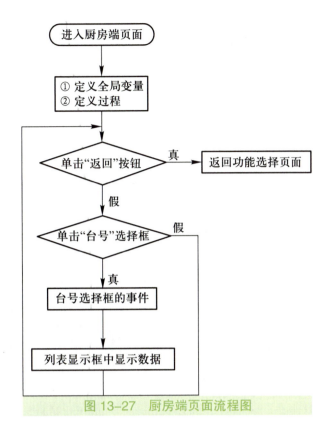

图 13-27　厨房端页面流程图

（2）组件介绍

"列表选择框"是本项目中的一个重要组件，其属性和积木如表 13-6 和表 13-7 所示。

★ 表 13-6　"列表选择框"组件的属性 ★

属性名	作用
背景颜色	更改列表选择框的背景色，默认为黑色
逗号分隔字串	设置使用逗号分隔列表
启用	设置控件是否启用，默认为启用
粗体	设置列表选择框字体为粗体
斜体	设置列表选择框字体为斜体
字号	设置列表选择框的字号，默认为 14.0
字体	设置列表选择框的字体，可选项：默认字体、非衬字体、衬线字体、等宽字体
高度	设置列表选择框的高度，默认为"自动"；可选项：自动、充满、按像素、按百分比
宽度	设置列表选择框的宽度：默认为"自动"；可选项：自动、充满、按像素、按百分比
图片	设置列表选择框的图片
选项背景颜色	设置列表选择框选项的背景颜色，默认为黑色
选项文本颜色	设置列表选择框选项的文本颜色，默认为白色
选中项	设置列表选择框的选中项

属性名	作用
形状	设置列表选择框的形状,可选项:默认、圆角、矩形、椭圆
显示互动效果	设置列表选择框是否显示互动效果,默认显示
显示搜索框	设置列表选择框是否显示搜索框,默认不显示
显示文本	设置列表选择框的显示文本
文本对齐	设置列表选择框的文本对齐,默认为居中,可选项:居左、居中、居右
文本颜色	设置列表选择框的文本颜色,默认为黑色
标题	设置列表选择框的标题
显示	设置列表选择框是否显示,默认为显示

★ 表 13-7 "列表选择框"组件的积木 ★

积木	类型	作用
当 列表选择框1 完成选择时 执行	事件	当列表选择框完成选择时触发该事件
当 列表选择框1 准备选择时 执行	事件	当列表选择框准备选择时触发该事件
当 列表选择框1 获得焦点时 执行	事件	当列表选择框获取焦点时触发该事件
当 列表选择框1 失去焦点时 执行	事件	当列表选择框失去焦点时触发该事件
当 列表选择框1 被按压时 执行	事件	当列表选择框被按压时触发该事件
当 列表选择框1 被释放时 执行	事件	当列表选择框被释放时触发该事件
让 列表选择框1 打开选框	事件	让列表选择框打开选框时触发该事件
列表选择框1 的 背景颜色	返回值	返回列表选择框的背景颜色
设 列表选择框1 的 背景颜色 为	赋值	设置列表选择框的背景颜色
列表选择框1 的 列表	返回值	返回列表选择框的列表
设 列表选择框1 的 列表 为	赋值	设置列表选择框的列表
设 列表选择框1 的 逗号分隔字串 为	赋值	设置列表选择框的逗号分隔字串

积木	类型	作用
列表选择框1 的 启用	返回值	返回列表选择框的启用
设 列表选择框1 的 启用 为	赋值	设置列表选择框的启用
列表选择框1 的 粗体	返回值	返回列表选择框的粗体
设 列表选择框1 的 粗体 为	赋值	设置列表选择框的粗体
列表选择框1 的 斜体	返回值	返回列表选择框的斜体
设 列表选择框1 的 斜体 为	赋值	设置列表选择框的斜体
列表选择框1 的 字号	返回值	返回列表选择框的字号
设 列表选择框1 的 字号 为	赋值	设置列表选择框的字号
列表选择框1 的 高度	返回值	返回列表选择框的高度
设 列表选择框1 的 高度 为	赋值	设置列表选择框的高度
设 列表选择框1 的 高度百分比 为	赋值	设置列表选择框的高度百分比
列表选择框1 的 图片	返回值	返回列表选择框的图片
设 列表选择框1 的 图片 为	赋值	设置列表选择框的图片
列表选择框1 的 选项背景颜色	返回值	返回列表选择框的选项背景颜色
设 列表选择框1 的 选项背景颜色 为	赋值	设置列表选择框的选项背景颜色
列表选择框1 的 选项文本颜色	返回值	返回列表选择框的选项文本颜色
设 列表选择框1 的 选项文本颜色 为	赋值	设置列表选择框的选项文本颜色
列表选择框1 的 选中项	返回值	返回列表选择框的选中项
设 列表选择框1 的 选中项 为	赋值	设置列表选择框的选中项
列表选择框1 的 选中项索引值	返回值	返回列表选择框的选中项索引值
设 列表选择框1 的 选中项索引值 为	赋值	设置列表选择框的选中项索引值
列表选择框1 的 显示互动效果	返回值	返回列表选择框的显示互动效果
设 列表选择框1 的 显示互动效果 为	赋值	设置列表选择框的显示互动效果
列表选择框1 的 显示搜索框	返回值	返回列表选择框的显示搜索框

积木	类型	作用
设 列表选择框1 的 显示搜索框 为	赋值	设置列表选择框的显示搜索框
列表选择框1 的 显示文本	返回值	返回列表选择框的显示文本
设 列表选择框1 的 显示文本 为	赋值	设置列表选择框的显示文本
列表选择框1 的 文本颜色	返回值	返回列表选择框的文本颜色
设 列表选择框1 的 文本颜色 为	赋值	设置列表选择框的文本颜色
列表选择框1 的 标题	返回值	返回列表选择框的标题
设 列表选择框1 的 标题 为	赋值	设置列表选择框的标题
列表选择框1 的 允许显示	返回值	返回列表选择框的允许显示
设 列表选择框1 的 允许显示 为	赋值	设置列表选择框的允许显示
列表选择框1 的 宽度	返回值	返回列表选择框的宽度
设 列表选择框1 的 宽度 为	赋值	设置列表选择框的宽度
设 列表选择框1 的 宽度百分比 为	赋值	设置列表选择框的宽度百分比
列表选择框1	返回值	返回列表选择框

（3）组件设计

1）点菜端组件设计

在表格布局中添加三个列表选择框,显示文本分别为"选择台号""选择品名"和"选择数量",用于选择台号、品名、数量;添加三个标签,显示文本为"台号:未选"、"品名:未选"、"数量:未选",用于显示选择的台号、品名、数量;"添加"按钮用于将选择的台号、品名、数量显示于列表显示框中;"删除"按钮用于将列表选中项删除;"提交"按钮用于把列表显示框中的信息提交到本地数据库中;"取消"按钮用于将当前台号列表、品名列表、数量列表与列表显示框清空。在"组件面板"中找到相应的组件,并将其拖到"工作区域"面板中,然后按照如表13-8所示设置相关属性。组件设计效果及组件列表如图13-28所示。

2）厨房端页面组件设计

厨房端页面的组件主要有本地数据库、列表显示框和列表选择框,列表显示框用于显示本地数据库的数据,台号选择框的作用是选择台号以便查看该台号顾客所点的菜品。在"组件面板"中找到相应的组件,并将其拖到"工作区域"面板中,然后按照如表13-9所示设置相关属性。组件设计效果及组件列表如图13-29所示。

★ 表 13-8　组件属性设置 ★

组件	所属面板	命名	作用	属性名	属性值
Screen1		Screen_diancaiduan	承载其他组件	标题	点菜系统 – 点菜端
表格布局	界面布局	表格布局 1		列数	2
				宽度	充满
				行数	3
列表选择框	用户界面	台号选择框	选择台号	宽度	充满
				显示文本	选择台号
列表选择框	用户界面	品名选择框	选择品名单价	宽度	充满
				显示文本	选择品名
列表选择框	用户界面	数量选择框	选择数量	宽度	充满
				显示文本	选择数量
标签	用户界面	台号标签	显示台号	宽度	75%
				显示文本	台号:未选
标签	用户界面	品名标签	显示品名	宽度	75%
				显示文本	品名:未选
标签	用户界面	数量标签	显示数量	宽度	75%
				显示文本	数量:未选
水平布局	布局界面	水平布局 1		宽度	充满
按钮	用户界面	添加按钮	添加菜品	宽度	充满
				显示文本	添加
按钮	用户界面	删除按钮	删除菜品	宽度	充满
				显示文本	删除
列表显示框	用户界面	列表显示框 1	显示菜式信息	宽度	充满
				高度	充满
				字号	20
水平布局	布局界面	水平布局 2		宽度	充满
按钮	用户界面	提交按钮	提交数据库	宽度	充满
				显示文本	提交
按钮	用户界面	取消按钮	取消菜品	宽度	充满
				显示文本	取消
按钮	用户界面	返回按钮	返回菜单选择	宽度	充满
				显示文本	返回
对话框	用户界面	对话框 1	显示未选信息		
本地数据库	数据存储	本地数据库 1	存储台号相对应的菜品数据		

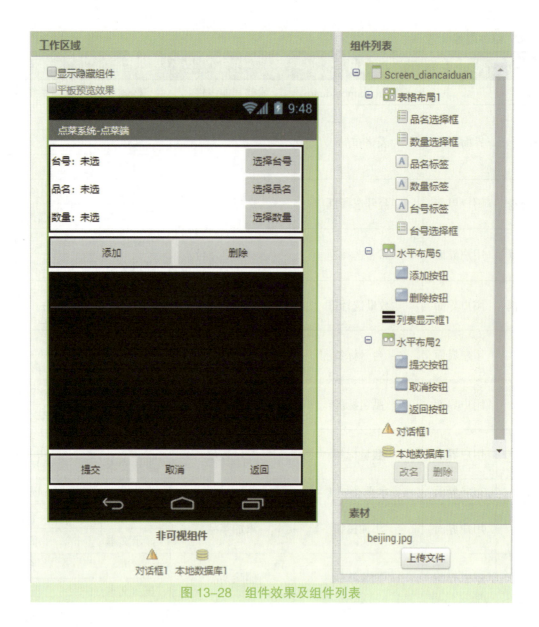

图 13-28　组件效果及组件列表

★ 表 13-9　组件列表 ★

组件	所属面板	命名	作用	属性名	属性值
Screen1		Screen_chufangduan	承载其他组件	标题	点菜系统 – 厨房端
列表显示框	用户界面	列表显示框 1	显示菜式信息	宽度	充满
				高度	充满
				字号	20
列表选择框	用户界面	台号选择框	选择台号	宽度	充满
				显示文本	台号
按钮	用户界面	返回按钮	返回菜单选择页面	宽度	充满
				显示文本	返回
本地数据库	数据存储	本地数据库 1			

图 13-29　组件效果及组件列表

（4）逻辑设计

1）点菜端

① 声明全局变量。

声明全局变量"获取品名"和"获取单价"并赋初值为"空列表"，用于获取本地数据库中的品名和单价；声明全局变量"获取品名单价"并赋初值为"空列表"用于组合品名和单价列表；声明全局变量"台号列表""品名列表"和"数量列表"并赋初值为"空列表"，用于存储每个台号、品名、数量；声明全局变量 index 并赋初值为 0，用于保存列表显示框的选中项索引值，当 index=0 时，表示没有选中列表显示框中的任何选项，如图 13-30 所示。

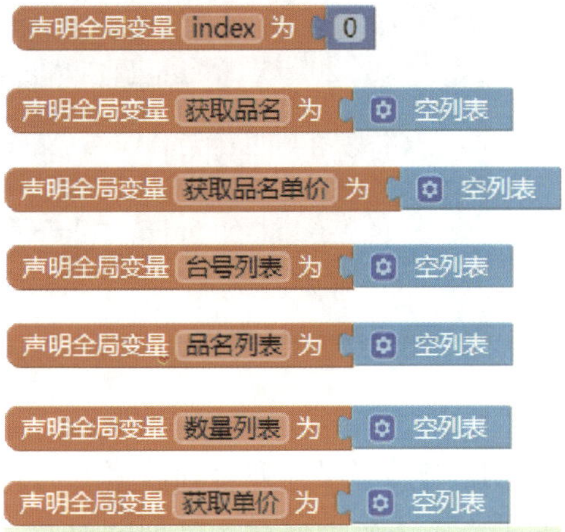

图 13-30　声明全局变量（1）

声明全局变量"台号"和"份数",用于保存选取的台号和份数,如图 13-31 所示。

声明三个全局变量 a、b、c,用于将台号列表、品名列表和数量列表的相应标记保存到数据库中,如图 13-32 所示。

图 13-31　声明全局变量(2)

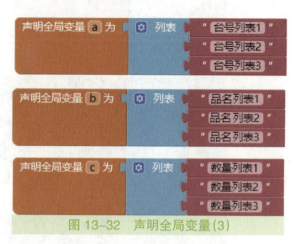

图 13-32　声明全局变量(3)

② 定义过程。

a. 定义"显示菜单"过程:执行从 1 到台号的长度值且增量为 1 的循环,如果台号选择框的选中项等于循环变量"数"的值,则将台号列表、品名列表和数量列表中的项逐一组合添加到菜单列表,列表显示框的列表为菜单,如图 13-33 所示。

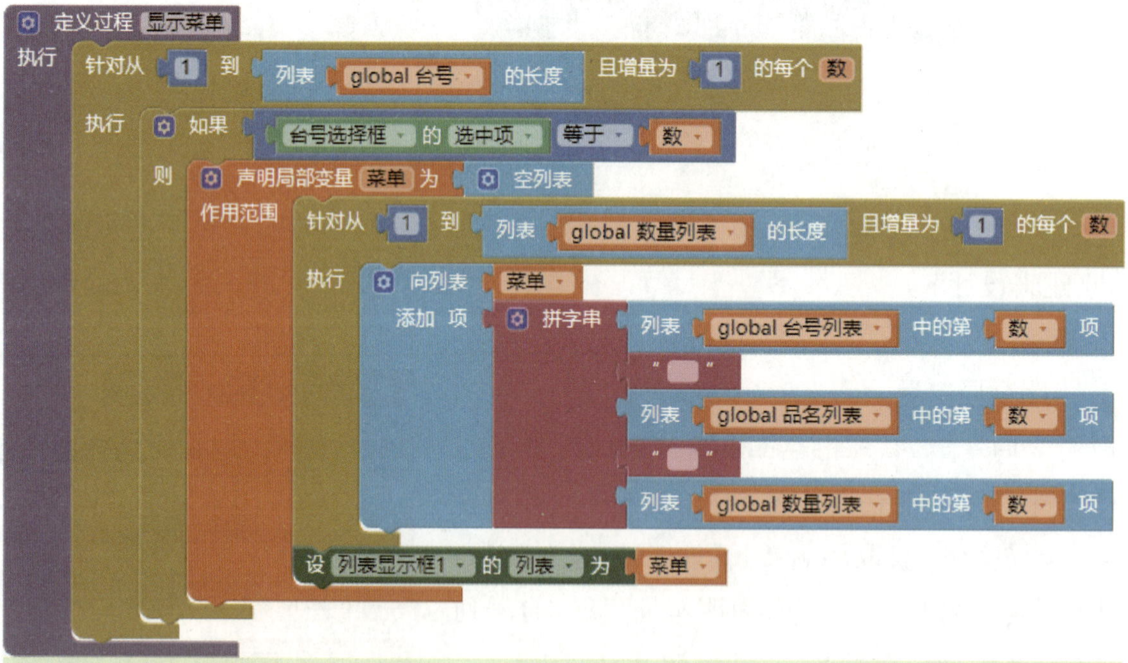

图 13-33　定义"显示菜单"过程

b. 定义"保存列表到数据库"过程:执行从 1 到台号的长度且增量为 1 的循环,如果台号选择框中选中项等于循环变量"数"的值,则向本地数据库存储台号列表、品名列表、数量列表,并标记为 a、b、c 对应于循环变量"数"的值,如图 13-34 所示。

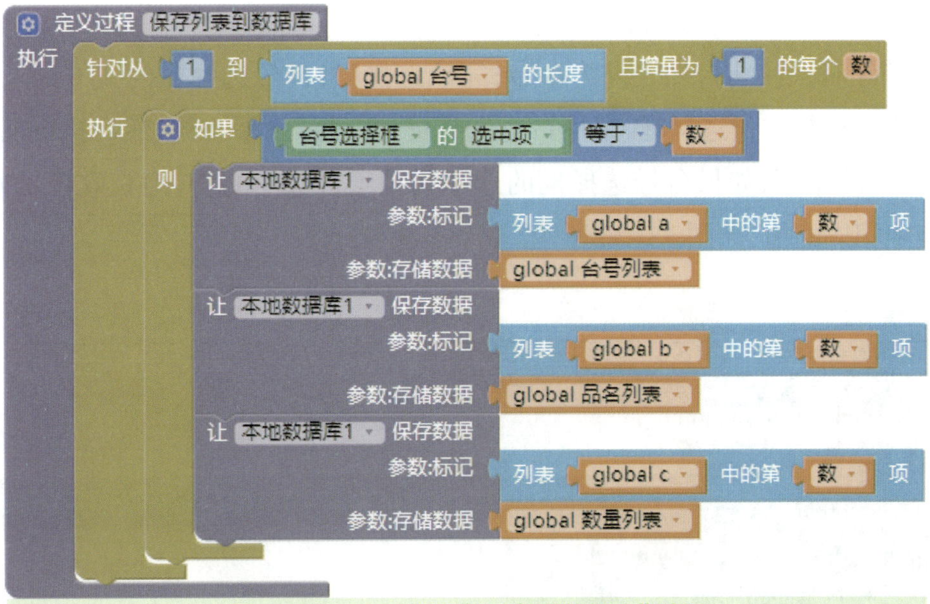

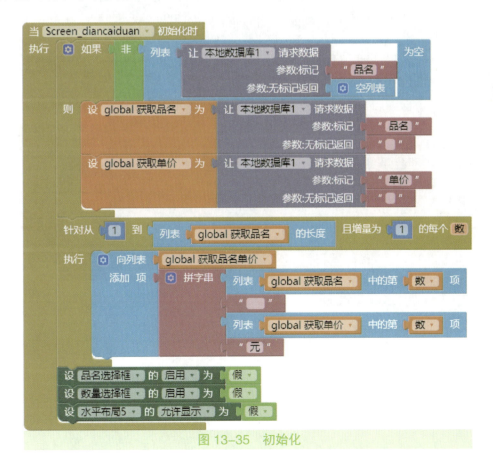

图 13-34　定义"保存列表到数据库"过程

③ 程序初始化。

初始化时,判断本地数据库中的品名信息是否为空,若不为空,则获取品名和单价数据,因为品名列表的长度和单价列表的长度相同,所以执行从 1 到品名列表或单价列表的长度且增量为 1 的循环,将品名列表和单价列表中的项逐一组合添加到品名单价列表中。禁用品名选择框和数量选择框,并隐藏水平布局,如图 13-35 所示。

图 13-35　初始化

④ 编写"台号选择框"的事件代码。

台号选择框准备选择时,列表设为台号;完成选择时,台号选择框的文本为选择框的选中项,启用品名选择框和数量选择框,禁用台号选择框,并显示水平布局;然后执行从 1 到台号的长度且增量为 1 的循环,如果台号选择框的选中项等于台号中的值,则获取台号列表、品名列表、数量列表中相应的值,如图 13-36 所示。

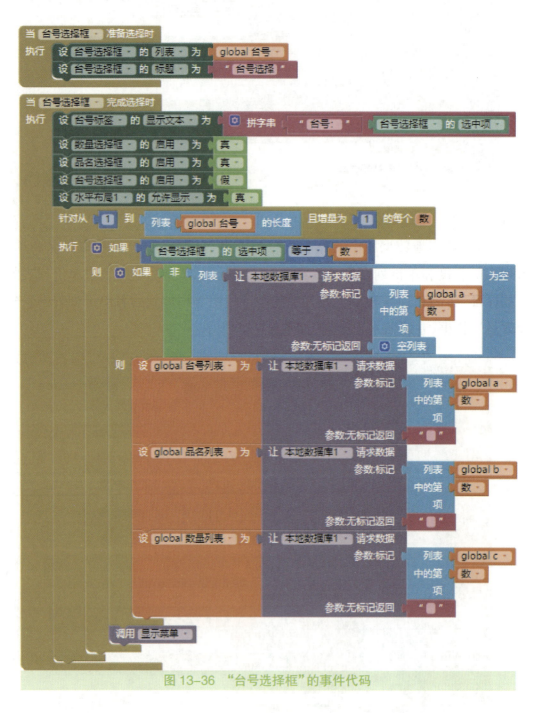

图 13-36 "台号选择框"的事件代码

⑤ 编写"品名选择框"的事件代码。

品名选择框准备选择时,列表为获取品名单价,标题为品名选择;完成选择时,品名标签显示文本为"品名:"+品名选项框的选中项,数量标签为"数量:1 份",如图 13-37 所示。

图 13-37 "品名选择框"的事件代码

⑥ 编写"数量选择框"的事件代码。

数量选择框准备选择时,列表为份数,标题为数量选择;完成选择时,数量标签的显示文本为"数量:"+ 数量选择框的选中项 + "份",如图 13-38 所示。

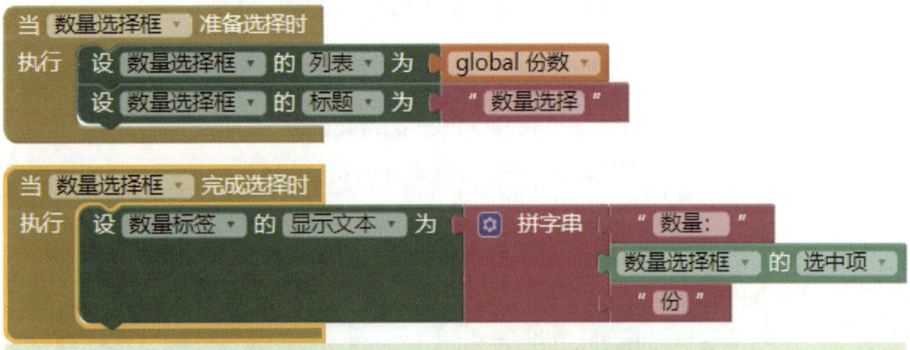

图 13-38 "数量选择框"的事件代码

⑦ 编写"添加"按钮的事件代码。

单击"添加"按钮,将判断品名标签显示文本是否为"品名:未选",如果为"品名:未选"则提示选择品名;如果不是"品名:未选",则判断数量标签显示文本是否为"数量:未选",如果为"数量:未选",则提示未选择数量,否则向台号列表添加台号标签的显示文本,向品名列表添加品名标签的显示文本,向数量列表添加数量标签的显示文本;添加完成后将品名标签的显示文本重设为"品名:未选",数量标签的显示文本重设为"数量:未选",而台号标签的显示文本不变,如图 13-39 所示。

⑧ 编写"删除"按钮的事件代码。

单击"删除"按钮,执行从 1 到台号的长度且增量为 1 的循环,如果台号选择框的选中项等于循环变量"数"的值,则判断 index 是否为 0,不为 0 时,删除台号列表、品名列表、数量列表;如果为 0,提示没有选择菜式,完成后,将品名标签的文本设为"品名:未选",数量标签的显示文本为"数量:未选",如图 13-40 所示。

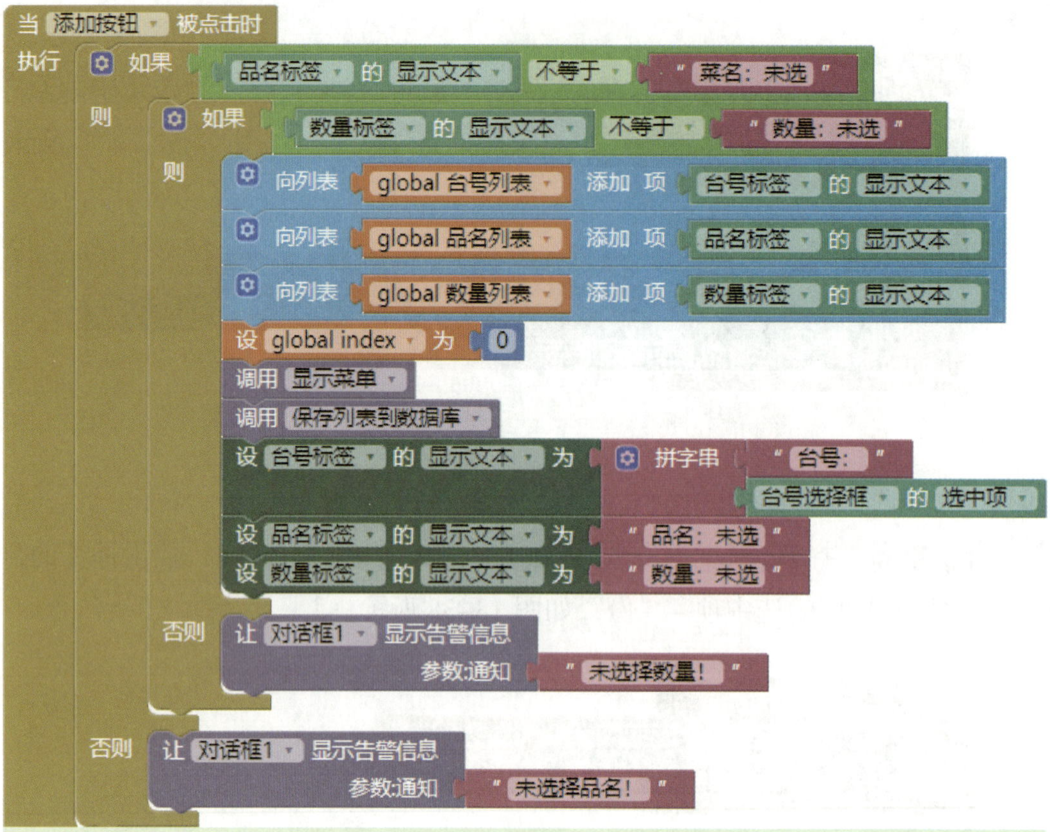

图 13-39 "添加"按钮的事件代码

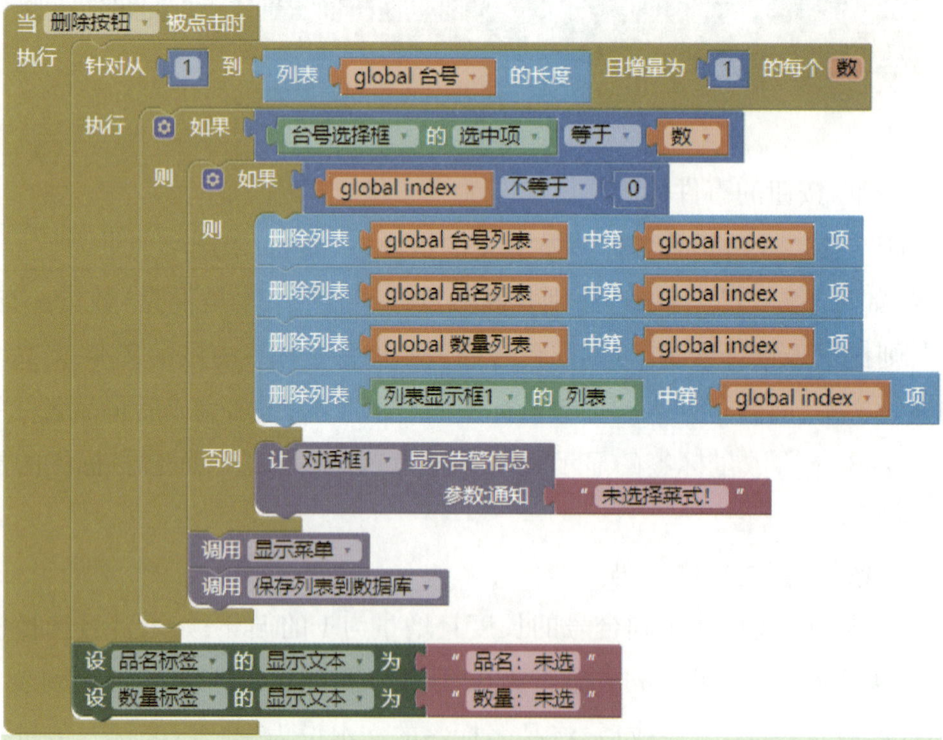

图 13-40 "删除"按钮的事件代码

⑨ 编写"取消"按钮的事件代码。

单击"取消"按钮,执行从 1 到台号的长度且增量为 1 的循环,如果台号选择框的选中项等于循环变量"数"的值,则清除列表 a、b、c 中的相应项,并清空列表,设台号标签的显示文本为"台号:未选",设品名标签的显示文本为"品名:未选",设数量标签显示文本为"数量:未选",启用台号选择框,禁用品名、数量选择框,隐藏水平布局,如图 13-41 所示。

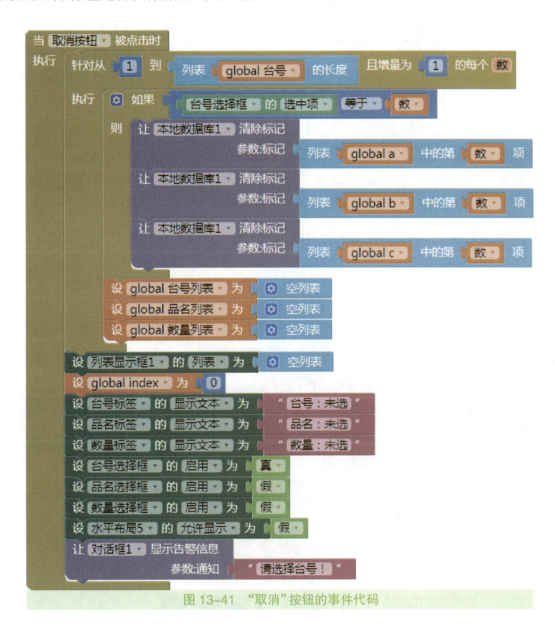

图 13-41 "取消"按钮的事件代码

⑩ 编写"提交"按钮的事件代码。

单击"提交"按钮,将单条记录列表的值复制到订单列表中,保存到网络数据库中,并返回菜单选择页面,如图 13-42 所示。

⑪ 编写"返回"按钮的事件代码。

单击"返回"按钮时,打开屏幕 Screen1,如图 13-43 所示。

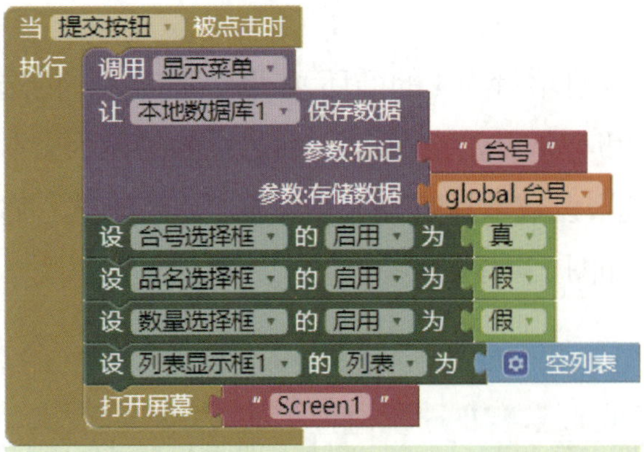

图 13-42 "提交"按钮

图 13-43 "返回"按钮

⑫ 编写列表显示框完成选择的事件代码。

当列表显示框完成选择时,判断全局变量 index 是否为 0,如果为 0,改变 index 的值为列表显示框的选中项索引值,选中项的颜色变为灰色,台号标签文本为台号列表的相应项,品名标签文本为品名列表的相应项,数量标签文本为数量列表的相应项;如果 index 等于选中项索引值,改变 index 的值为 0,选中项颜色变为黑色,品名标签的显示文本为"品名:未选",数量标签的显示文本为"数量:未选",如图 13-44 所示。

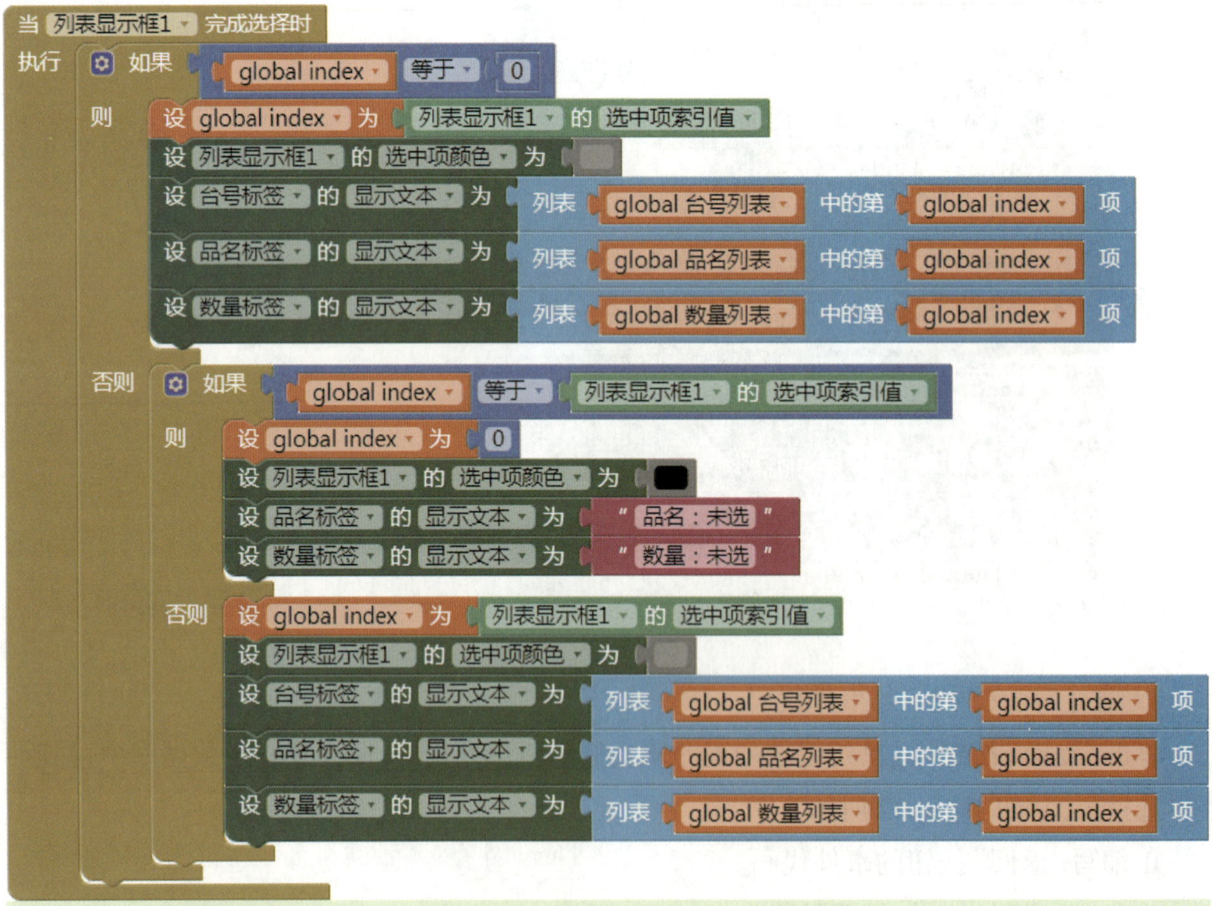

图 13-44 列表显示框

2）厨房端

① 声明全局变量。

声明 4 个全局变量并赋初值为"空列表"，其中，"台号"变量用于从点菜端获取台号，"台号列表""品名列表"和"数量列表"变量分别用于获取本地数据库中的台号、品名、数量，如图 13-45 所示。

声明三个全局变量 a、b、c，用于存储台号列表、品名列表、数量列表的相应标记，如图 13-46 所示。

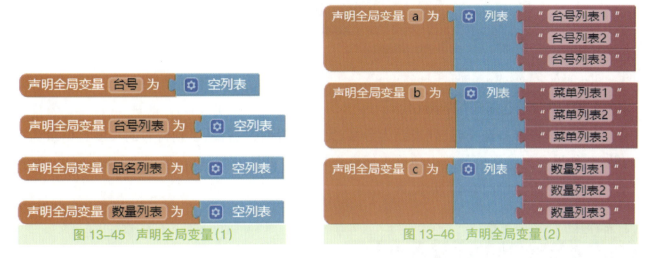

图 13-45　声明全局变量(1)　　　　图 13-46　声明全局变量(2)

② 定义过程。

定义"显示菜单"过程：执行从 1 到台号的长度且增量为 1 的循环，如果台号选择框的选中项等于循环变量"数"的值，将台号列表、品名列表和数量列表中的项逐一组合后添加到菜单列表，列表显示框的列表为菜单，如图 13-47 所示。

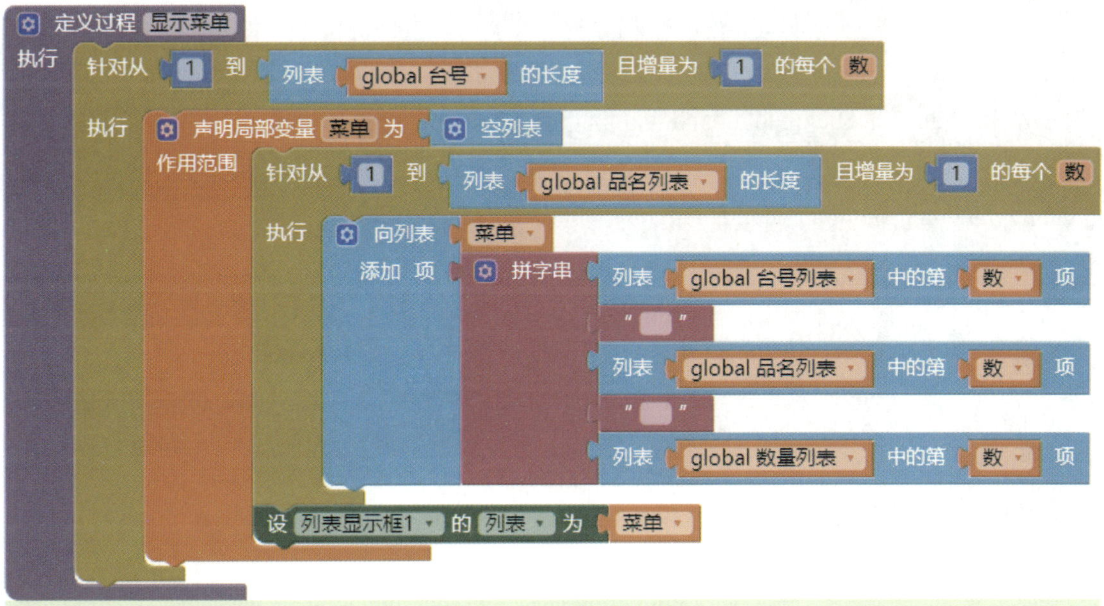

图 13-47　定义过程

③ 程序初始化。

初始化时,判断数据库是否为空,如果不为空则获取台号,为空则返回空列表,如图 13-48 所示。

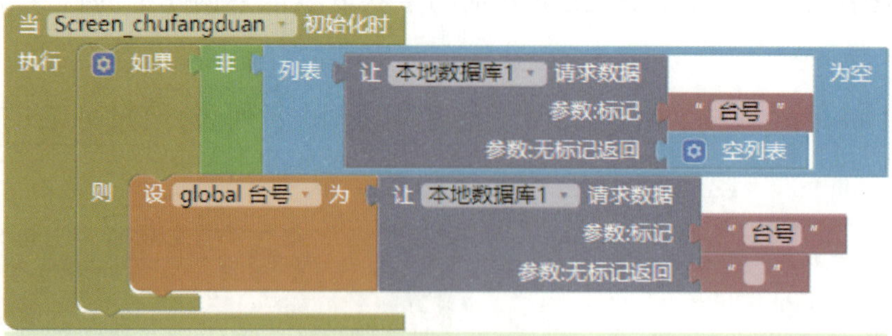

图 13-48 初始化

④ 编写"台号选择框"的事件代码。

台号选择框准备选择时,列表设为台号;完成选择时,执行从 1 到台号的长度且增量为 1 的循环,如果台号选择框的选中项等于循环变量"数"的值,则获取台号列表、品名列表、数量列表中相应的值,如图 13-49 所示。

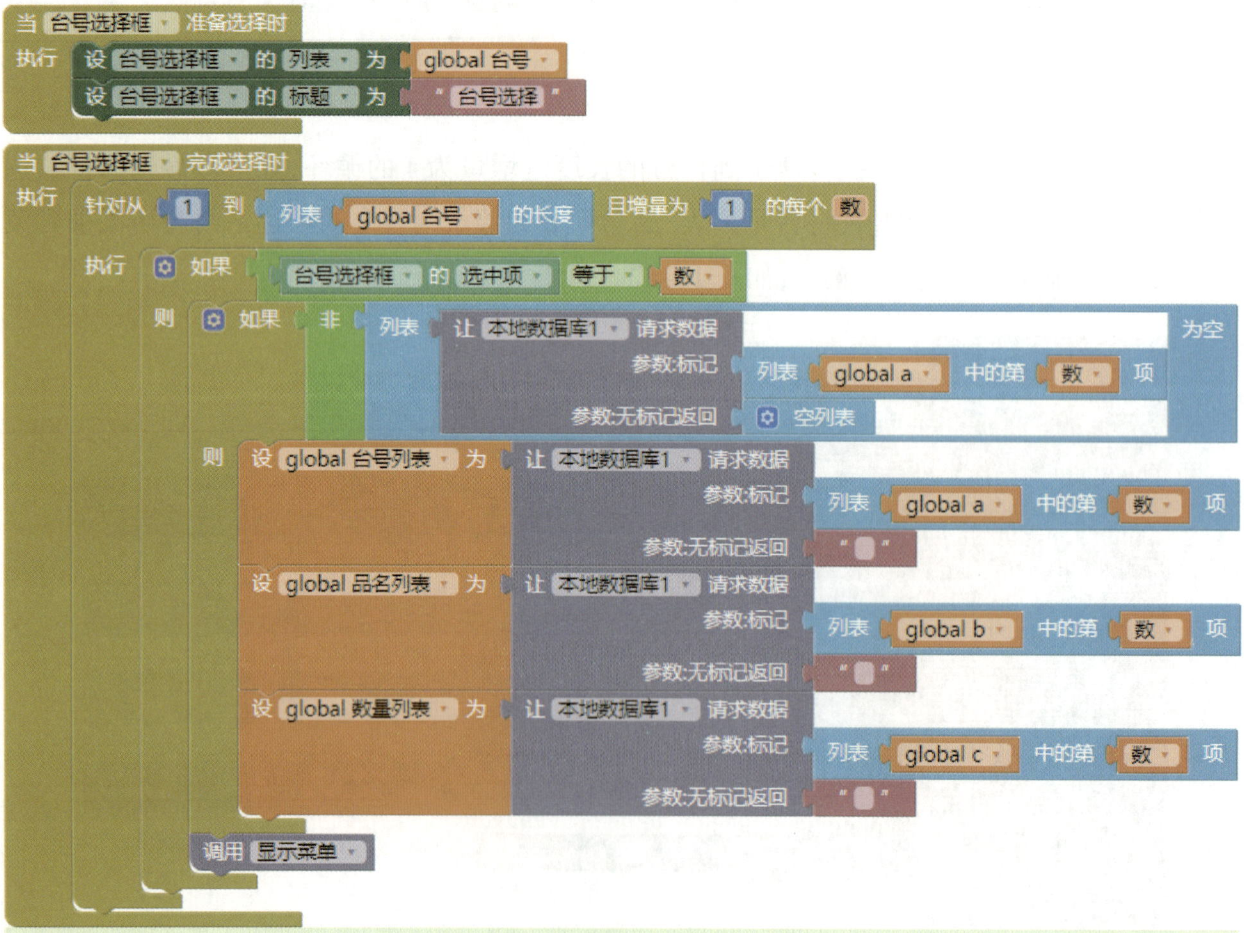

图 13-49 "台号选择框"的事件代码

⑤ 编写"返回"按钮的事件代码。

单击"返回"按钮时，打开屏幕 Screen1，如图 13-50 所示。

图 13-50 "返回"按钮

项目 **13** 点菜系统 ／ 215

五、连接测试

通过"AI 伴侣"App 连接手机进行测试，运行界面如图 13-51~ 图 13-53 所示。

图 13-51 编辑菜单页面

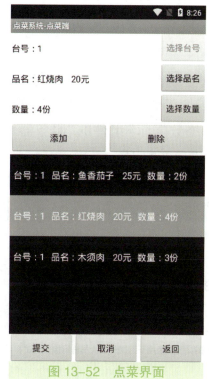

图 13-52 点菜界面

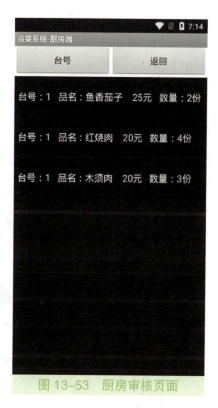

图 13-53 厨房审核页面

六、项目拓展

① 尝试将编辑菜谱页面和点菜页面的列表显示框列表做成目录形式，元素之间以逗号分隔，使列表更加美观。

② 尝试在厨房端页面添加"删除"按钮，并设置为等待一段时间（如 5 s）后删除。

③ 尝试搭建网络数据库，将存储于本地的数据上传到网络数据库中，以便与其他用户共享这些数据。

七、知识拓展

App Inventor 支持远程数据存储，但需要安装 TinyWebDB Server 组件，以搭建 TinyWebDB

服务器。

1. 搭建 TinyWebDB 服务器

TinyWebDB 服务器的搭建方法比较简单,读者可通过网络搜索相关资料,自行搭建,本书不再赘述。

2. App Inventor 与 TinyWebDB 服务器的连接

(1)双击 TinyWebDB Server 快捷方式,如图 13-54 所示,启动 TinyWebDB 服务器。

(2)在浏览器地址栏输入 http://localhost:8080 并按 Enter 键,如果出现如图 13-55 所示的界面,则说明 TinyWebDB 服务器能够正常工作。

(3)在 App Inventor 中将"网络数据库"组件的"服务器地址"属性设置为"http://localhost:8080",如图 13-56 所示。

图 13-54　TinyWebDB Server 快捷方式

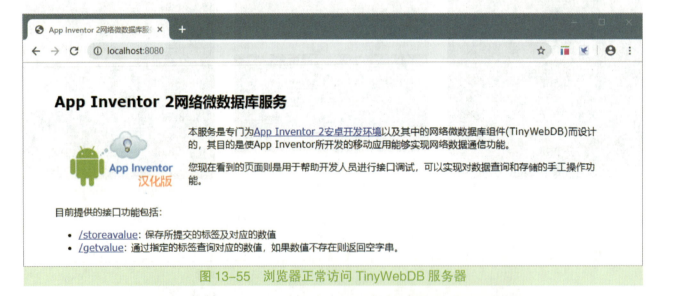

图 13-55　浏览器正常访问 TinyWebDB 服务器

图 13-56　设置服务器地址

3. 知识讲解

"网络数据库"组件的属性和积木如表 13-10、表 13-11 所示。

★ 表 13-10　"网络数据库"组件的属性 ★

属性名	作用
服务器地址	你存放数据的位置

★ 表 13-11 "网络数据库"组件的积木 ★

积木	类型	作用
当 网络数据库1 收到数据时 标记 执行 设 标记 为	事件	当网络数据库收到数据时需要的标记信息
当 网络数据库1 收到数据时 标记 数值 数值 执行 设 数值 为	事件	当网络数据库收到数据时需要的数值信息
当 网络数据库1 通信失败时 消息 消息 执行 设 消息 为	事件	当网络数据库通信失败时触发的事件
当 网络数据库1 完成存储时 执行	事件	当网络数据库完成储存时触发的事件
让 网络数据库1 请求数据 参数:标记	命令	用于获取网络数据库中的数据
让 网络数据库1 保存数据 参数:标记 参数:存储数据	命令	用于将数据保存到网络数据库中
设 网络数据库1 的 服务器地址 为	属性	设置服务器地址
网络数据库1 的 服务器地址	属性	获取服务器地址
网络数据库1	属性	获取数据库

项目 14

天气预报

一、项目分析

本项目中我们将开发一个"天气预报"App。天气预报看似非常复杂，只有专业的机构才能完成。幸运的是，专业机构已经将数据处理好并放在网络上，我们只需要按照特定规范进行调用，即可获得专业的天气数据，这就是本项目的重点，调用API（Application Programming Interface），意为"应用程序接口"。通过开发"天气预报"App，学会调用 API。"天气预报"App 的运行界面如图 14-1 所示。

二、项目目标

① 了解 API 的调用方法。
② 掌握解析 JSON 文本的方法，了解关键词的作用。
③ 学会通过调用 API 制作"天气预报"App 的方法。

图 14-1 "天气预报"App
运行界面

三、项目准备

1. 新建项目

单击窗口上部左侧的"新建项目"按钮，打开"新建项目"对话框，如图 14-2 所示，输入项目名称"tqyb"，然后单击"确定"按钮。

2. 导入素材

本项目需要的素材只有一张图片,如图14-3所示。

图14-2　新建 tqyb 项目

图14-3　素材图片

四、项目实施

(一) 入门阶段

通过"文本输入框"组件,输入要查询的城市名称;通过单击"查询"按钮请求网络数据,并将数据显示在"标签"组件中;使用"Web 客户端"组件,通过 Web 服务器的 API 获取数据;使用"语音合成器"组件以语音的形式播报天气情况。程序界面如图14-4所示。

1. 设计流程图

"天气预报"App 的流程图比较简单,如图14-5所示。

图14-4　天气查询界面

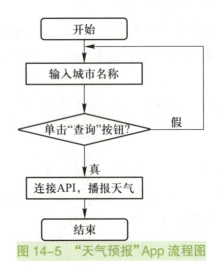

图14-5　"天气预报"App 流程图

2. 预备知识

（1）天气预报 API 概述

API 是一组定义程序和协议的集合，通过 API 可实现软件之间的相互通信，从而扩展软件的功能。

天气预报的数据可借助专业机构开发并发布在网络的 API 来获得。在本项目中，我们使用"京东万象"中的"全国天气预报"API，如图 14-6 所示。

图 14-6 全国天气预报 API

调用京东万象"全国天气预报"API 的操作步骤如下：

① 要调用京东万象的 API，需要提前注册京东云账号。注册成功后系统会为你分配一个开发者密钥（APPKEY）。如图 14-7 所示，单击"点此获取 APPKEY"按钮，可获取你的 APPKEY，如图 14-8 所示。

查询地名id

标识：**areaid**	
接口地址：	https://way.jd.com/showapi/areaid
请求方式：	HTTPS GET POST
请求示例：	https://way.jd.com/showapi/areaid?area=丽江&**appkey**=您申请的**APPKEY** 点此获取APPKEY

图 14-7 获取 APPKEY

② 要调用 API，必须先了解该 API 的访问方式和参数。以下是其中一款天气预报 API，如图 14-9 所示。

数
类型
String
类型
String
密钥
这是您在京东万象调用服务所需要的密钥，
可以调用平台所有即用服务。
b084c[redacted]50ef5d6fe7b2753fe
您可以在接口测试工具及用户中心查看您的
APPKEY，为了您能够安全调用，请不要将
密钥给他人使用。
类型
描述
string
10000

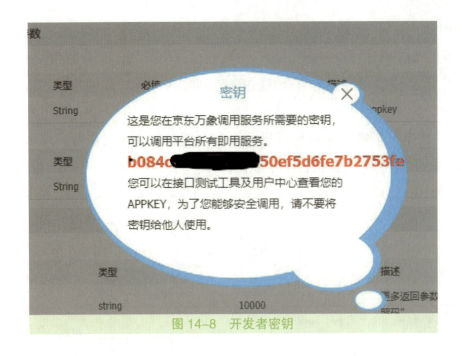

图 14-8　开发者密钥

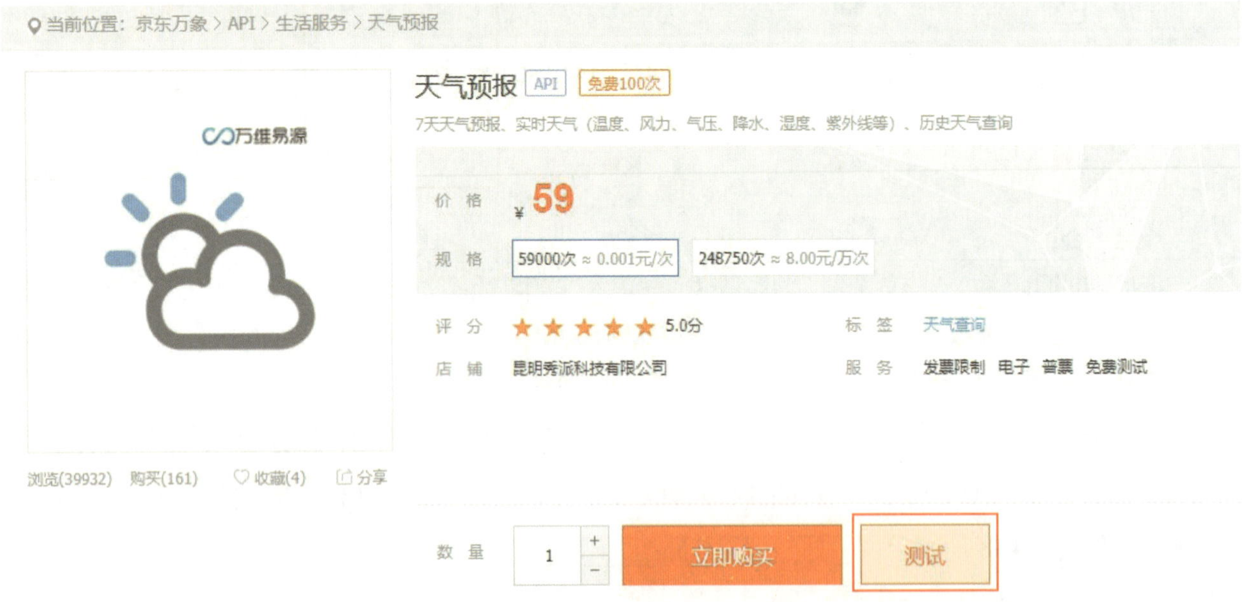

当前位置：京东万象 > API > 生活服务 > 天气预报
天气预报 API 免费100次
7天天气预报、实时天气（温度、风力、气压、降水、湿度、紫外线等）、历史天气查询
万维易源
价 格 ¥ 59
规 格 59000次 ≈ 0.001元/次 248750次 ≈ 8.00元/万次
评 分 5.0分
标 签 天气查询
店 铺 昆明秀派科技有限公司
服 务 发票限制 电子 普票 免费测试
浏览(39932) 购买(161) 收藏(4) 分享
数 量 1
立即购买
测试

图 14-9　天气预报 API

③ 单击“测试”按钮，进入天气预报接口信息界面，在 area（地区）文本框中输入“广州”，单击“测试”按钮，如图 14-10 所示。测试结果如图 14-11 所示。

在图 14-11 所示的测试信息中，Request 是我们的请求，Response 是服务器返回的数据，数据为 JSON 格式。把代码全选并复制到“记事本”中保存，以便读取代码中的关键信息，完成查询指令。

当用户单击“查询”按钮时，应该让“Web 客户端”组件发起请求，请求地址为：https://way.jd.com/showapi/address?area= 广 州 &areaid=&needMoreDay=0&needIndex=0&needAlarm=0&need

接口信息

天气预报

接口： 根据地名查询天气 ⌄
根据地名查询天气

APPKEY： b084c6968███████████3fe
开发者秘钥

参数填写

area： 广州
区域名称

areaid： 101291401
地区id，area和areaid必须输入其中一个，如果都输入，以areaid
为准。

needMoreDay： 0
是否需要返回7天数据中的后4天。1为返回，0为不返回。

needIndex： 0
是否需要返回指数数据，比如穿衣指数、紫外线指数等，1为返
回，0为不返回。

needAlarm： 0
是否需要天气预警，1为需要，0为不需要。

need3HourForcast 0
是否需要当天每3小时1次的天气预报列表。1为需要，0为不需
要。

测 试

图 14-10 接口信息

图 14-11 天气预报 API 测试结果

3HourForcast=0&appkey=b084c696833c0****************fe,这个地址与图 14-11 中 Request 下的 URL 一致,这个地址是从服务器取得数据的关键。

(2)"Web 客户端"组件

本项目将使用"Web 客户端"组件的三个重要积木,如表 14-1 所示。

★ **表 14-1 "Web 客户端"组件的积木** ★

积木	类型	作用
让 Web客户端1 ▾ 编码指定文本 参数:文本	方法	把文本转换为 URI 编码
让 Web客户端1 ▾ 执行GET请求	方法	Web 客户端以 GET 请求的方式进行值传递
让 Web客户端1 ▾ 解码JSON文本 参数:JSON文本	方法	在 App Inventor 中,并不能直接对 JSON 文本进行处理。"Web 客户端"组件提供了一个内置的过程,可以将 JSON 文本转换为列表,调用"Web 客户端"组件解码 JSON 文本后,所有逗号、花括号、方括号都转换为圆括号,即形成嵌套的列表

3. 组件设计

总体思路:用户通过"文本输入框"组件输入要查询的城市名称;单击"查询"按钮请求网络数据,并将数据显示在"标签"组件中;使用"Web 客户端"组件,通过 Web 服务器的 API 获取天气数据;使用"语音合成器"组件以语音播报查询的天气情况。

组件的具体属性设置如表 14-2 所示,组件设计效果及组件列表如图 14-12 所示。

★ 表 14-2 组件属性设置 ★

组件	所属面板	命名	作用	属性名	属性值
Screen	默认	Screen1	承载其他组件	应用说明	天气预报
				应用名称	tqyb
				背景图片	bg.jpg
水平布局	用户界面	水平布局 1	水平排列	宽度	充满
		水平布局 2	水平排列	宽度	充满
文本输入框	用户界面	文本输入框_城市	输入文本	提示	请输入城市:广州
按钮	用户界面	按钮_查询	查询天气	显示文本	查询
标签	用户界面	标签_体感	文字标识	显示文本	无
		标签_温度	显示温度情况	显示文本	无
Web 客户端	通信连接	Web 客户端 1	连接 API	无	默认
语音合成器	多媒体	语音合成器 1	播报天气	无	默认

4. 逻辑设计

单击界面右上角的"编程"按钮,进行程序设计。

① 初始化。当进入程序,屏幕初始化时,把图 14-11 中全国天气预报的请求和响应参数赋值给"Web 客户端"组件的网址,以避免系统弹出错误,提示查询不到网址,如图 14-13 所示。

② 设置网址。这里需由用户输入城市名称,因此使用文本拼字串,把文本输入框中输入的文本(城市名称)放在中间,上下两段是全国天气预报的请求和响应参数。字串如下,代码如图 14-14 所示。

字串 1:https://way.jd.com/showapi/address? area= 广州 &areaid=

字串 2:在文本输入框中输入的文本(城市名称)

字 串 3:&needMoreDay=0&needIndex=0&needAlarm=0&need3HourForcast=0&appkey=b084c696833c0****************fe

这样的查询方式还存在一个问题要解决。

网址中只允许使用 ASCII 字符,非 ASCII 字符必须经过编码才能使用。文本输入框中输入的文本不是 ASCII 字符,需要调用"Web 客户端"组件的"编码指定文本"模块将文本输入框中

图 14-12　组件设计效果及组件列表

当 Screen1 初始化时
执行　设 Web客户端1 的 网址 为 " https://way.jd.com/showapi/address?area=广州 &are… "

图 14-13　初始化 – 设置网址(1)

当 按钮_查询 被点击时
执行　设 Web客户端1 的 网址 为　拼字串 " https://way.jd.com/showapi/address?area=广州 &are… "
文本输入框_城市 的 显示文本
" &needMoreDay=0&needIndex=0&needAlarm=0&need3Hour… "

图 14-14　设置网址(2)

的字符转换成 ASCII 字符, 最后才可以作为参数, 用于网址中, 如图 14-15 所示。

③ 提交请求。设置好网址后, 调用 "Web 客户端" 组件的 "执行 GET 请求" 模块 (如图 14-16 所示) 向服务器提交服务请求。

"查询" 按钮的完整代码如图 14-17 所示。

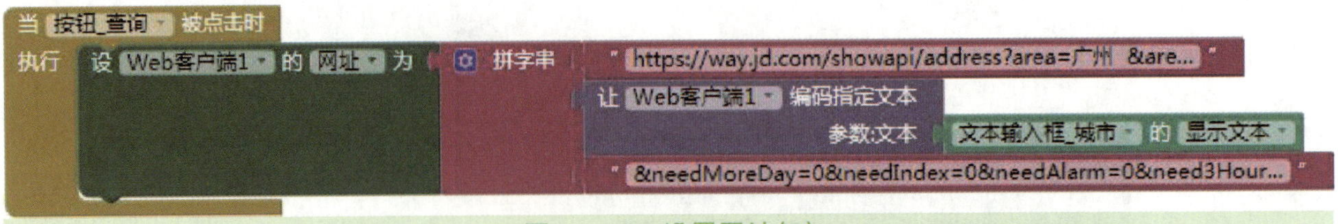

图 14-15 设置网址(3)

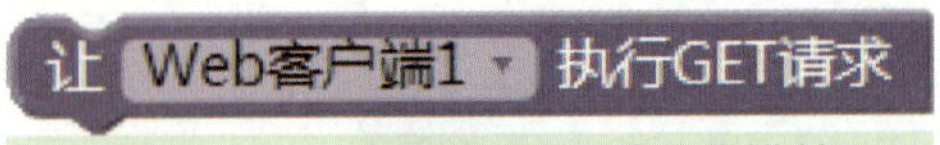

让 Web客户端1 执行GET请求

图 14-16 "执行 GET 请求"模块

图 14-17 "查询"按钮的完整代码

④ Web 客户端收到文本时事件。

"Web 客户端"组件发起请求后会收到响应(Response),即返回的信息,这时会触发"Web 客户端"组件的"收到文本时"事件,这个事件的作用是获取响应数据,代码块如图 14-18 所示。

"响应内容"即为服务器端返回的 JSON 文本。但是在 App Inventor 中,并不能直接对 JSON 文本进行处理。"Web 客户端"组件提供了一个内置的过程,"解析 JSON 文本",如图 14-19 所示,可以将 JSON 文本转换为列表。

图 14-18 "收到文本时"事件代码块

图 14-19 "Web 客户端"的"解析 JSON 文本"过程

JSON 文本内容非常多,我们只需取需要的那部分。为了从 JSON 文本中准确提取所需信息,需要了解 JSON 文本内容的层次关系和数据结构。下面以调试信息中的 JSON 文本为例进行分析,请留意加底纹部分的代码,分析代码 {} 之间的逻辑关系。本例中,程序需要的是关键字"temperature"(气温)对应的值,作为天气预报的结果显示在界面上。

```
"code":"10000",
    "charge":false,
    "remain":0,
```

```
    "msg":" 查询成功 ",
    "result":{
        "showapi_res_error":"",
        "showapi_res_id":"5fe94b3d8d57ba02297f9fd6",
        "showapi_res_code":0,
        "showapi_res_body":{
            "time":"20201228073000",
            "ret_code":0,
            "now":{
                "weather_code":"00",
                "aqiDetail":{
                    "num":"112",
                        },
                "http://app1.showapi.com/weather/icon/day/00.png",
                "weather":" 晴 ",
                "rain":"0.0",
                "temperature":"23"
            },},}
```

我们需要在 JSON 文本中查找关键字 "temperature" 对应的值,可以通过列表组件提供的 "在键值列表…中查找…,没找到返回" 方法来实现。此方法需要 3 个参数:键值列表、关键字以及找不到时的提示信息,如图 14-20 所示。

图 14-20 键值对 "列表" 查找

根据 JSON 文本的结构,先在第 1 层中查找关键字 "result" 对应的值,然后在其返回的结果(键值对列表)中查找第 2 层中关键字 "showapi_res_body" 对应的值,接着在其返回的结果中查找第 3 层中关键字 "now" 对应的值。最后,在其返回的结果中查找第 4 层中关键字 "temperature" 对应的值。以这样的方式,找出关键字 "temperature" 得到对应的值,并赋值给标签("标签_天气数据")来显示数据,如图 14-21 所示。

⑤ 语音播报查询结果。

调用 "语音合成器" 组件将查询结果(文本)转换成语音,通过设备的扬声器进行播报,如图 14-22 所示。

"Web 客户端" 组件收到文本时的完整代码如图 14-23 所示。

图 14-21 设置"标签 _ 温度"的属性

图 14-22 语音播报查询结果

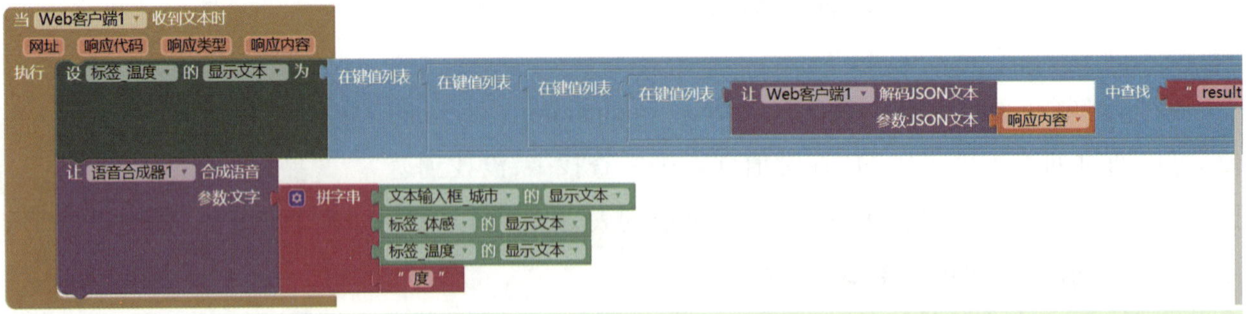

图 14-23 "Web 客户端"组件收到文本时的完整代码

（二）晋级阶段

对"天气预报"App 进行优化，使之能够对当天的天气情况进行播报，运行效果如图 14-24 所示。

1. 界面设计

在界面中增加一个"水平布局"组件，其中放置两个标签，分别用于显示体感温度和天气情况，如图 14-25 所示。

图 14-24 优化后的
"天气预报" App 界面

图 14-25 界面设计

2. 逻辑设计：

① 代码分析。在晋级阶段的"天气预报" App 中，天气情况对应的关键字是 "weather"，请留意代码中加底纹的部分。

```
"code":"10000",
    "charge":false,
    "remain":0,
    "msg":" 查询成功 ",
"result":{
        "showapi_res_error":"",
        "showapi_res_id":"5fe94b3d8d57ba02297f9fd6",
        "showapi_res_code":0,
    "showapi_res_body":{
            "time":"20201228073000",
            "ret_code":0,
```

```
"now":{
    "weather_code":"00",
    "aqiDetail":{
        "num":"112",
            },
    "http://app1.showapi.com/weather/icon/day/00.
     png",
    "weather":" 晴 ",
    "rain":"0.0",
    "temperature":"23"
},},}
```

② 复制"标签 _ 温度的显示本文"代码块,然后把"标签 _ 温度的显示本文"更改为"标签 _ 天气数据的显示本文",把"temperature"更改为"weather",如图 14-26 所示。

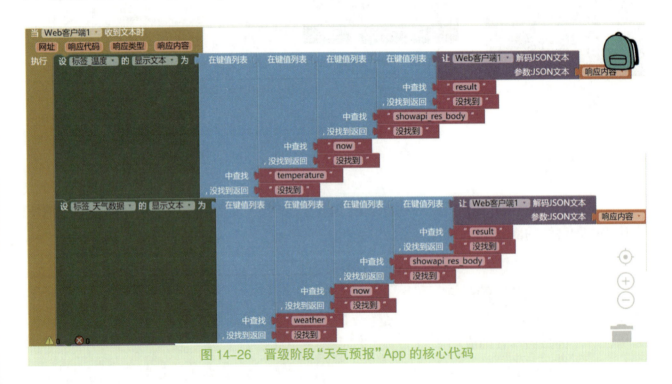

图 14-26　晋级阶段"天气预报"App 的核心代码

③ 调用"语音合成器"组件,实现语音播报,如图 14-27 所示。

图 14-27　语音合成播报

④ 晋级阶段的完整代码如图 14-28 所示。

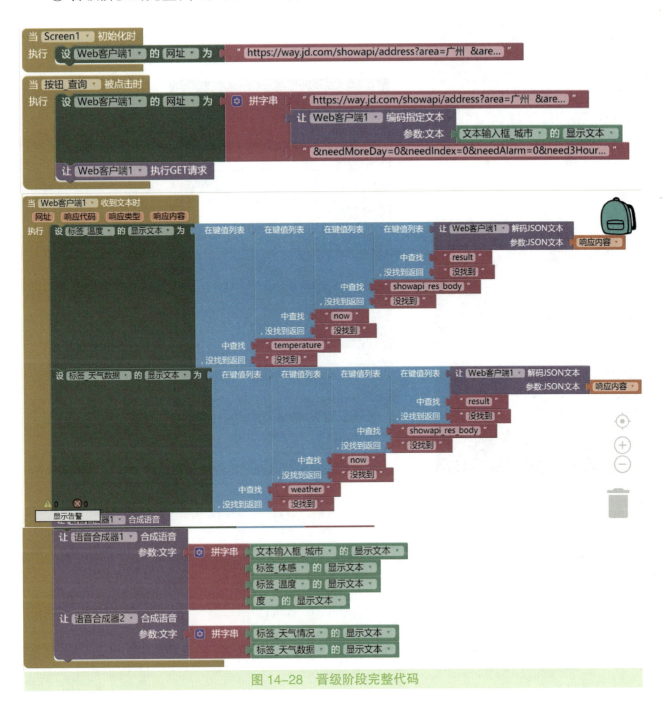

图 14-28　晋级阶段完整代码

（三）达人阶段

灵活运用代码，增加风向、湿度、空气质量和天气情况等，运行效果如图 14-29 所示。

1. 界面设计

在"水平布局"组件中增加一个"图片"组件，用于显示与天气情况对应的图片，界面设计如图 14-30 所示。

图 14-29　天气预报优化

图 14-30　界面设计

2. 逻辑设计

① 代码分析与初始化。在服务器的响应信息中,请注意加底纹的部分。

```
{
    "code":"10000",
    "charge":false,
    "remain":0,
    "msg":" 查询成功 ",
    "result":{
        "showapi_res_error":"",
        "showapi_res_id":"5fe94b3d8d57ba02297f9fd6",
        "showapi_res_code":0,
        "showapi_res_body":{
            "time":"20201228073000",
```

```
"ret_code":0,
"now":{
    "weather_code":"00",
    "aqiDetail":{
        "num":"112",
        "co":"1.3",
        "so2":"12",
        "area":" 广州 ",
        "o3":"7",
        "no2":"94",
        "aqi":"78",
        "quality":" 良好 ",
        "pm10":"105",
        "pm2_5":"56",
        "o3_8h":"5",
        "primary_pollutant":" 颗粒物 (PM10)"
    },
    "wind_direction":" 南风 ",
    "temperature_time":"11:00",
    "wind_power":"2 级 ",
    "aqi":"78",
    "sd":"63%",
    "weather_pic":
"http://app1.showapi.com/weather/icon/day/00.
png",
    "weather":" 晴 ",
    "rain":"0.0",
    "temperature":"23"
    },
    }
    }
    }
}
```

屏幕初始化与"查询"按钮的代码如图14-31所示。

图 14-31 初始化与"查询"按钮的代码

② "Web 客户端"组件收到文本时的完整代码如图14-32所示。

③ 调用"语音合成器"组件实现语音播报，如图14-33所示。

"天气预报"App 的完整代码请从 Abook 网站下载，详见书末"郑重声明"页。

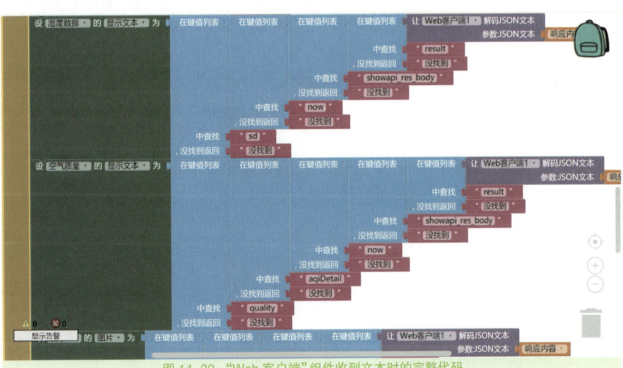

图 14-32 "Web 客户端"组件收到文本时的完整代码

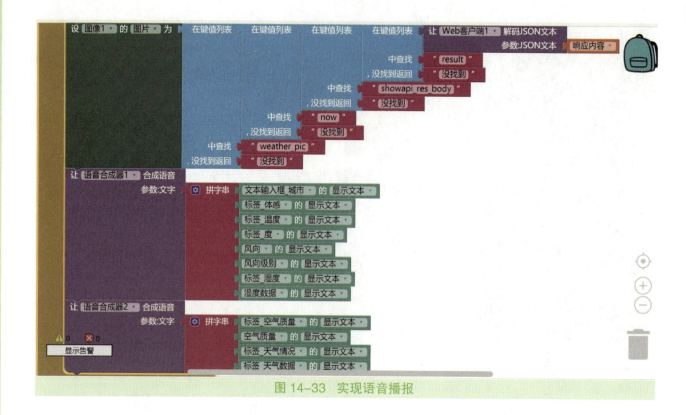

图 14-33 实现语音播报

郑重声明

防伪查询说明

用户购书后刮开封底防伪涂层，利用手机微信等软件扫描二维码，会跳转至防伪查询网页，获得所购图书详细信息。也可将防伪二维码下的20位密码按从左到右、从上到下的顺序发送短信至106695881280，免费查询所购图书真伪。

反盗版短信举报

编辑短信"JB，图书名称，出版社，购买地点"发送至10669588128

防伪客服电话

（010）58582300

学习卡账号使用说明

一、注册/登录

访问 http://abook.hep.com.cn/sve，点击"注册"，在注册页面输入用户名、密码及常用的邮箱进行注册。已注册的用户直接输入用户名和密码登录即可进入"我的课程"页面。

二、课程绑定

点击"我的课程"页面右上方"绑定课程"，正确输入教材封底防伪标签上的20位密码，点击"确定"完成课程绑定。

三、访问课程

在"正在学习"列表中选择已绑定的课程，点击"进入课程"即可浏览或下载与本书配套的课程资源。刚绑定的课程请在"申请学习"列表中选择相应课程并点击"进入课程"。

如有账号问题，请发邮件至：4a_admin_zz@pub.hep.cn。